Los consejos y estrategias que se encuentran
ser adecuados para todas las situaciones. Esta
en el entendido de que ni el autor ni los edito
responsables de los resultados obtenidos de los consejos de
este libro; este trabajo está destinado a educar a los lectores
sobre Bitcoin y no está destinado a proporcionar consejos de
inversión. Todas las imágenes son propiedad original del
autor, libres de derechos de autor según lo indicado por las
fuentes de la imagen, o utilizadas con el consentimiento de los
titulares de la propiedad.

audepublishing.com

Primera edición en rústica septiembre de 2021.

ISBN impreso 9798486794483

Introducción

Bitcoin: Answered es un intento de desenredar la red fragmentada de información en torno a Bitcoin que recibe el público en general. Independientemente de las actitudes personales hacia las criptomonedas y Bitcoin (la mayoría de las cuales, para aquellos que no han sido estudiados, son demasiado optimistas o demasiado cínicos), el alcance de la criptomoneda está creciendo a tal ritmo, y se está instalando en el ecosistema financiero a tal ritmo, que no comprender la historia, los conceptos y la viabilidad de Bitcoin es mucho más perjudicial que no hacerlo. Es de esperar que esta información le resulte bastante fascinante; Bitcoin fue el primero de una forma completamente nueva de pensar sobre el dinero y el valor de las transacciones. Al final, comprenderá el alcance de Bitcoin, las monedas digitales y la cadena de bloques; Muchos de estos sistemas, como debe señalarse, son comparables solo en el sentido más amplio, y los casos de uso potenciales y aplicables de dicha tecnología son bastante asombrosos, especialmente dado que el ecosistema de la moneda fiduciaria ha cambiado poco desde la eliminación de las monedas del patrón oro hace medio siglo. Pensar en todas las criptomonedas como Bitcoin y en Bitcoin como una burbuja marginal es simplemente erróneo; Sí, Bitcoin está lejos de ser perfecto, pero hay mucho más en lo que es, esencialmente, la digitalización y descentralización del valor. Este libro aborda todos estos conceptos y más a través de un formato simple basado en preguntas, comenzando con "¿qué es Bitcoin?" Siéntase libre de hojear según su conocimiento, o de leer de principio a fin; De cualquier manera, mi esperanza y la esperanza de mi equipo es que salgan de este libro con una comprensión de Bitcoin desde un punto de vista sentimental, técnico, histórico y conceptual, así como junto con un interés y deseo continuos de aprender más. Se pueden encontrar más recursos al final del libro.

Ahora, seguimos adelante, en la noble búsqueda del conocimiento. Disfruten del libro.

Qué es Bitcoin?

Bitcoin es muchas cosas: una red informática global de código abierto y peer-to-peer, una colección de protocolos, un oro digital, la vanguardia de un nuevo cubo de tecnología, una criptomoneda. En lo físico; Bitcoin son 13.000 ordenadores que ejecutan varios protocolos y algoritmos. En concepto, Bitcoin es un medio global de transacción fácil y segura; una fuerza democratizadora, y un medio de financiación transparente y anónima. En el puente entre lo físico y lo conceptual, Bitcoin es una criptomoneda; Un medio y una reserva de valor que existe puramente en línea, sin ninguna forma física. Todo esto, sin embargo, es como hacer la pregunta de "¿qué es el dinero?" y responder "pedazos de papel". Es casi seguro que alguien que no esté familiarizado con Bitcoin y lea el párrafo anterior saldrá con más preguntas que respuestas; por esta razón, la pregunta de "¿qué es Bitcoin?" es, en esencia, la pregunta de este libro, y a través de un análisis de cada parte, es de esperar que pueda llegar a una comprensión del todo.

¿Quién inició Bitcoin?

Satoshi Nakamoto es el individuo, o posiblemente el grupo de individuos, que creó Bitcoin. No se sabe mucho sobre esta misteriosa figura, y su anonimato ha dado lugar a innumerables teorías conspirativas. Si bien Nakamoto se ha registrado como un hombre de 45 años de Japón en un sitio web oficial de fundaciones peer-to-peer, usa modismos británicos en sus correos electrónicos. Además, las marcas de tiempo de su trabajo se alinean mejor con alguien con sede en los EE. UU. o el Reino Unido. La mayoría cree que su desaparición fue planeada (muchos han relacionado su trabajo con referencias bíblicas) y otros creen que una organización gubernamental, como la CIA, estuvo vinculada a su desaparición. Estas no son más que teorías marginales; sin embargo, lo que sigue siendo un hecho es que el creador de Bitcoin actualmente posee una fortuna por valor de más de $ 70 mil millones (equivalente a 1.1 millones de bitcoins) y si Bitcoin sube otros cientos por ciento, este multimillonario anónimo, el padre de la criptomoneda, será la persona más rica del mundo.

Bitcoin Genesis Block

Raw Hex Version

```
00000000  01 00 00 00 00 00 00 00  00 00 00 00 00 00 00 00   ................
00000010  00 00 00 00 00 00 00 00  00 00 00 00 00 00 00 00   ................
00000020  00 00 00 00 3B A3 ED FD  7A 7B 12 B2 7A C7 2C 3E   ....;£íý{.²zÇ,>
00000030  67 76 8F 61 7F C8 1B C3  88 8A 51 32 3A 9F B8 AA   gv.a.È.Ã ŠQ2:Ÿ.ª
00000040  4B 1E 5E 4A 29 AB 5F 49  FF FF 00 1D 1D AC 2B 7C   K.^J)«_Iÿÿ...¬+|
00000050  01 01 00 00 00 01 00 00  00 00 00 00 00 00 00 00   ................
00000060  00 00 00 00 00 00 00 00  00 00 00 00 00 00 00 00   ................
00000070  00 00 00 00 00 00 FF FF  FF FF 4D 04 FF FF 00 1D   ......ÿÿÿÿM.ÿÿ..
00000080  01 04 45 54 68 65 20 54  69 6D 65 73 20 30 33 2F   ..EThe Times 03/
00000090  4A 61 6E 2F 32 30 30 39  20 43 68 61 6E 63 65 6C   Jan/2009 Chancel
000000A0  6C 6F 72 20 6F 6E 20 62  72 69 6E 6B 20 6F 66 20   lor on brink of
000000B0  73 65 63 6F 6E 64 20 62  61 69 6C 6F 75 74 20 66   second bailout f
000000C0  6F 72 20 62 61 6E 6B 73  FF FF FF FF 01 00 F2 05   or banksÿÿÿÿ..ò.
000000D0  2A 01 00 00 00 43 41 04  67 8A FD B0 FE 55 48 27   *....CA.gŠ ý°þUH'
000000E0  19 67 F1 A6 71 30 B7 10  5C D6 A8 28 E0 39 09 A6   .gñ¦q0·.\Ö¨(à9.¦
000000F0  79 62 E0 EA 1F 61 DE B6  49 F6 BC 3F 4C EF 38 C4   ybàê.aÞ¶Iö¼?Lï8Ä
00000100  F3 55 04 E5 1E C1 12 DE  5C 38 4D F7 BA 0B BD 57   óU.å.Á.Þ\8M÷º.½W
00000110  8A 4C 70 2B 6B F1 1D 5F  AC 00 00 00 00            ŠLp+kñ._¬....
```

La imagen anterior representa la génesis (que significa "primer")
bloque de Bitcoin. El fundador de Bitcoin, Satoshi Nakamoto,
ingresó un mensaje en el código que dice lo siguiente: "The Times
03/Jan/2009 Canciller al borde del segundo rescate para los bancos".

¿Quién es el propietario de Bitcoin?

La idea de que Bitcoin es "propiedad" es correcta solo en el sentido más distribuido. Alrededor de 20 millones de personas poseen colectivamente todo el Bitcoin del mundo, pero Bitcoin en sí mismo, como red, no puede ser poseído.[2]

---

[2] Técnicamente, 20,5 millones de personas en todo el mundo tienen al menos 1 dólar en Bitcoin.

¿Cuál es la historia de Bitcoin?

Esta es una breve historia de las criptomonedas, la cadena de bloques y Bitcoin.

- En 1991, se conceptualizó por primera vez una cadena de bloques criptográficamente segura.

- Casi una década después, en el año 2000, Stegan Knost publicó su teoría sobre las cadenas seguras de criptografía, así como ideas para su implementación práctica.

- 8 años después de eso, Satoshi Nakamoto publicó un libro blanco (un libro blanco es un informe y una guía completos) que estableció un modelo para una cadena de bloques, y en 2009 Nakamoto implementó la primera cadena de bloques, que se utilizó como libro de contabilidad público para las transacciones realizadas con la criptomoneda que desarrolló, llamada Bitcoin.

- Finalmente, en 2014, los casos de uso (los casos de uso son situaciones específicas en las que un producto o servicio podría usarse potencialmente) para blockchain y las redes blockchain se desarrollaron fuera de la criptomoneda, abriendo así las posibilidades de Bitcoin al mundo en general.

¿Cuántos Bitcoins hay?

Bitcoin tiene un suministro máximo de 21 millones de monedas. A partir de 2021, hay 18,7 millones de Bitcoins en circulación, lo que significa que solo quedan 2,3 millones por poner en circulación. De ese número, 900 nuevos Bitcoin se agregan al suministro circulante cada día a través de recompensas mineras.[3] Las recompensas mineras son las recompensas que se otorgan a las computadoras que resuelven ecuaciones complejas para procesar y verificar las transacciones de Bitcoin. Las personas que manejan estas computadoras se llaman "mineros". Cualquiera puede comenzar a minar Bitcoin; incluso una PC básica puede convertirse en un nodo, que es una computadora en la red, y comenzar a minar.

---

[3] "¿Cuántos bitcoins hay? ¿Cuántos quedan por minar? (2021)". https://www.buybitcoinworldwide.com/how-many-bitcoins-are-there/.

¿Cómo funciona Bitcoin?

Bitcoin, y prácticamente todas las criptomonedas, operan a través de la tecnología Blockchain.

Blockchain, en su forma más básica, puede considerarse como el almacenamiento de datos en cadenas literales de bloques. Veamos cómo entran en juego exactamente los bloques y las cadenas.

- Cada bloque almacenará información digital, como la hora, la fecha, el monto, etc. de las transacciones.
- El bloque sabrá qué partes participaron en una transacción mediante el uso de su "clave digital", que es una cadena de números y letras que recibe cuando abre una billetera, que contiene sus criptomonedas.
- Sin embargo, los bloques no pueden funcionar por sí solos. Los bloques necesitan verificación de otras computadoras, también conocidas como "nodos" en la red.
- Los otros nodos validarán la información de un bloque. Una vez validados los datos, y si todo se ve bien, el bloque y los datos que lleva se almacenarán en el libro mayor.
- El libro mayor público es una base de datos que registra todas y cada una de las transacciones aprobadas que se han

realizado en la red. La mayoría de las criptomonedas, incluido Bitcoin, tienen su propio libro de contabilidad público.

- Cada bloque del libro mayor está vinculado al bloque que le precedió y al bloque que le siguió. Por lo tanto, los eslabones que forman los bloques crean un patrón similar a una cadena. Por lo tanto, se forma una cadena de bloques.

Resumen: El **bloque** representa la información digital y la **cadena** representa cómo se almacenan esos datos en la base de datos.

Entonces, para recapitular nuestra definición anterior, blockchain es un nuevo tipo de base de datos. A continuación se muestra un desglose visualizado de cada bloque de la red.

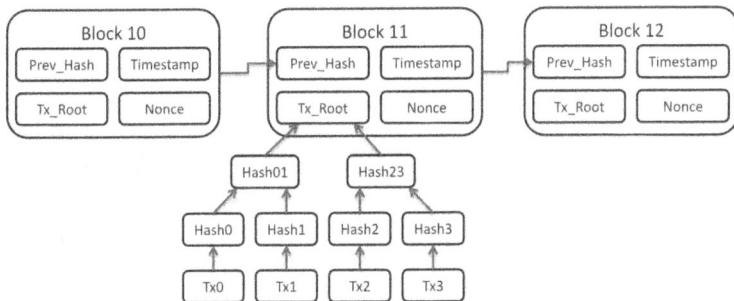

4

¿Qué son las direcciones de Bitcoin?

Una dirección, también conocida como clave pública, es una colección única de números y letras que funcionan como un código de identificación, comparable a un número de cuenta bancaria o una dirección de correo electrónico (por ejemplo: 1BvBESEystWetqTFn3Au6u4FGg7xJaAQN5). Con él, puede realizar transacciones en la cadena de bloques. Las direcciones se conectan a una cadena de bloques base; por ejemplo, una dirección de Bitcoin se encuentra en la red y la cadena de bloques de Bitcoin. Las direcciones tienen "logotipos" redondos y coloridos denominados identificadores de direcciones (o, simplemente, "iconos"). Estos iconos le permiten ver rápidamente si ha introducido o no una dirección correcta. Cada vez que envíes o recibas criptomonedas, utilizarás una dirección asociada. Las direcciones, sin embargo, no pueden almacenar activos; simplemente sirven como identificadores que apuntan hacia las billeteras.

Bitcoin Address

SHARE

1DpQP4yKSGWXWrXNkm1YNYBTqEweuQcyYg

Private Key

SECRET

L4NhQX1DFJpFAJJYAHKkpukerqxtjF1XhvR5J2PQcnDparA2vD9M

---

[5] bitaddress.org

¿Qué es un nodo de Bitcoin?

Un nodo es una computadora conectada a la red de una cadena de bloques, que ayuda a la cadena de bloques a escribir y validar bloques. Algunos nodos descargan un historial completo de su cadena de bloques; Estos se denominan masternodes y realizan más tareas que los nodos normales. Además, los nodos no están vinculados de ninguna manera a una red específica; Los nodos pueden cambiar a diferentes cadenas de bloques prácticamente a voluntad, como es el caso de la minería multipool. En conjunto, toda la naturaleza distribuida de Bitcoin y las criptomonedas, así como muchas de las características subyacentes de blockchain y seguridad, son posibles gracias al concepto y la utilización de un sistema global basado en nodos.

Qué es el soporte y la resistencia para Bitcoin?

Aquí, profundizamos en el análisis técnico y el comercio de Bitcoin: el soporte es el precio de una moneda o token al que es menos probable que ese activo fracase, ya que muchas personas están dispuestas a comprar el activo a ese precio. A menudo, si una moneda alcanza los niveles de soporte, se revertirá en una tendencia alcista. Este suele ser un buen momento para comprar la moneda, aunque si el precio cae por debajo del nivel de soporte, es probable que la moneda caiga aún más a otro nivel de soporte. La resistencia, por otro lado, es un precio que un activo encuentra difícil de romper, ya que muchas personas encuentran que es un buen precio para vender. A veces, los niveles de resistencia pueden ser fisiológicos. Por ejemplo, Bitcoin podría encontrar resistencia en los 50.000 dólares, ya que mucha gente pensaba "cuando el bitcoin alcance los 50.000 dólares, lo venderé". A menudo, cuando se rompe un nivel de resistencia, el precio puede subir rápidamente. Por ejemplo, si el bitcoin superara los 50.000 dólares, el precio podría subir rápidamente hasta los 55.000 dólares, momento en el que podría enfrentarse a más resistencia, y los 50.000 dólares podrían convertirse en el nuevo nivel de soporte.

Support And Resistance

---

[6] Basado en una imagen CC BY-SA 4.0 de Akash98887
File:Support_and_resistance.png

¿Cómo se lee un gráfico de Bitcoin?

Esta es una gran pregunta; Para responder, la siguiente sección tendrá como objetivo desglosar los tipos de gráficos más populares utilizados para leer Bitcoin y otras criptomonedas, así como también cómo leer dichos gráficos.

Los gráficos forman la base mediante la cual se pueden examinar los precios y se pueden encontrar patrones. Los gráficos, en un nivel, son simples, y en otro, profundos y complejos. Comenzaremos con lo básico; diferentes tipos de gráficos y sus diferentes usos.

Gráfico de líneas

Un gráfico de líneas es un gráfico que representa el precio a través de una sola línea. La mayoría de los gráficos son gráficos de líneas porque son extremadamente fáciles de entender, aunque contienen menos información que las alternativas populares. Robinhood y Coinbase (que dirigen sus servicios a inversores menos experimentados) tienen gráficos de líneas como tipo de gráfico predeterminado, mientras que las instituciones dirigidas a un público más experimentado, como Charles Schwab y Binance, utilizan otras formas de gráficos por defecto.

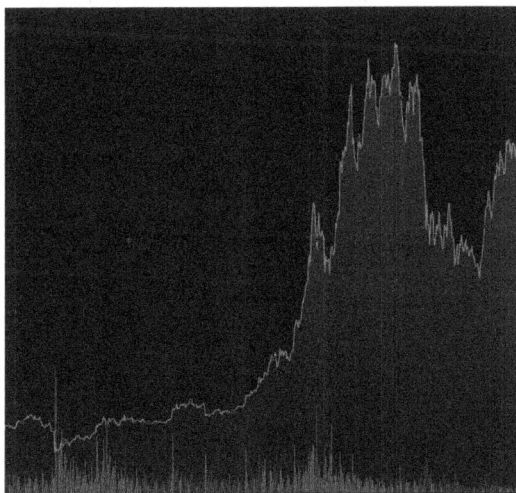

(tradingview.com) Gráfico de líneas

Gráfico de velas

Los gráficos de velas son una forma mucho más útil de mostrar información sobre una moneda; Estos gráficos son los preferidos por la mayoría de los inversores. Dentro de un período determinado, los gráficos de velas tienen un "cuerpo real" amplio y se representan con mayor frecuencia como rojo o verde (otro esquema de color común es cuerpos reales vacíos/blancos y rellenos/negros). Si es rojo (rellenado), el cierre fue más bajo que la apertura (lo que significa que bajó). Si el cuerpo real es verde (vacío), el cierre fue más alto que el abierto (lo que significa que subió). Por encima y por debajo de los cuerpos reales están las "mechas", también conocidas como "sombras". Las mechas muestran los precios altos y bajos de las operaciones del período. Entonces, combinando lo que sabemos, si la mecha superior (también conocida como la sombra superior) está cerca del cuerpo real, la moneda o token alcanzada durante el día más alta está cerca del precio de cierre. Por lo tanto, también se aplica lo contrario. Deberá tener una comprensión sólida de los gráficos de velas, por lo que le sugiero que visite un sitio como tradingview.com para sentirse cómodo.

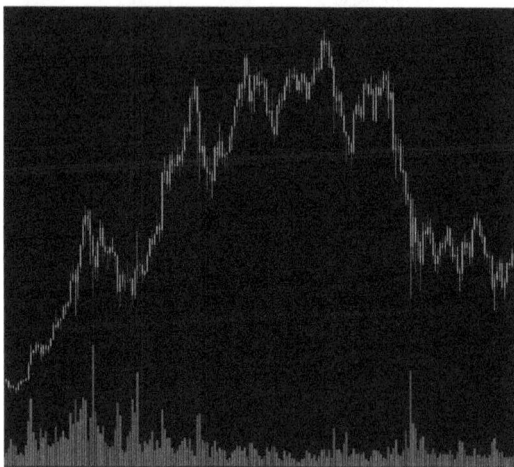

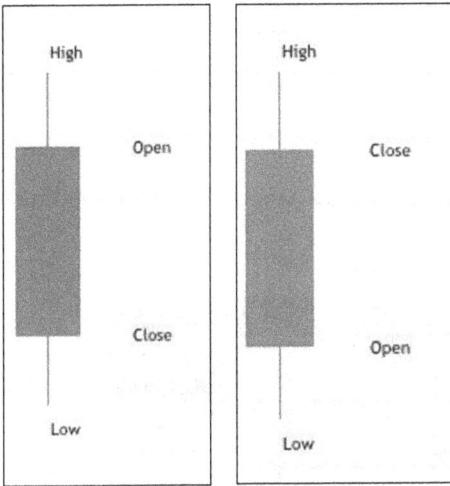

tradingview.com

Gráfico de velas

Gráfico de Renko

Los gráficos de Renko solo muestran el movimiento del precio e ignoran el tiempo y el volumen. Renko proviene del término japonés "renga", que significa "ladrillos". Los gráficos Renko utilizan ladrillos (también conocidos como cajas), normalmente rojo/verde o blanco/negro. Las cajas Renko solo se forman en la esquina superior o inferior derecha de la caja de procedimiento, y la siguiente caja solo se puede formar si el precio pasa la parte superior o inferior de la casilla anterior. Por ejemplo, si la cantidad predefinida es "$1" (piense en esto como similar a los intervalos de tiempo en los gráficos de velas), entonces la siguiente caja solo puede formarse una vez que pase $1 por encima o $1 por debajo del precio de la caja anterior. Estos gráficos simplifican y "suavizan" las tendencias en patrones fáciles de entender, al tiempo que eliminan la acción aleatoria del precio. Esto puede facilitar la realización de análisis técnicos, ya que los patrones como los niveles de soporte y resistencia se muestran de forma mucho más descarada.

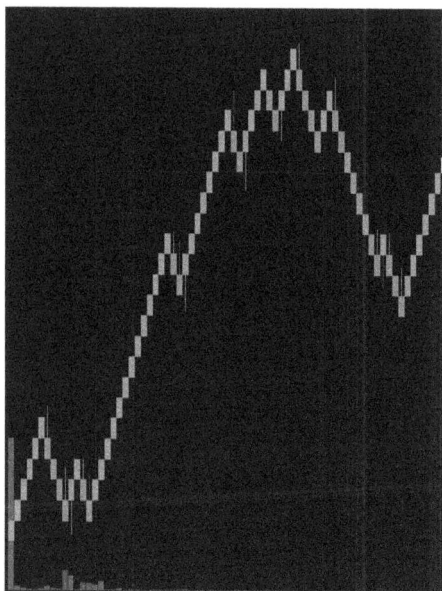

Gráfico de tradingview.com Renko

Gráfico de puntos y figuras

Si bien los gráficos de puntos y figuras (P&F) no son tan conocidos como los otros en esta lista, tienen una larga historia y una reputación como uno de los gráficos más simples utilizados para identificar buenos puntos de entrada y salida. Al igual que los gráficos Renko, los gráficos P&F no tienen en cuenta directamente el paso del tiempo. Más bien, X y O se apilan en columnas; cada letra representa un movimiento de precio elegido (al igual que los bloques en los gráficos de Renko). Las X representan un precio al alza y las Os representan un precio a la baja. Fíjate en esta secuencia:

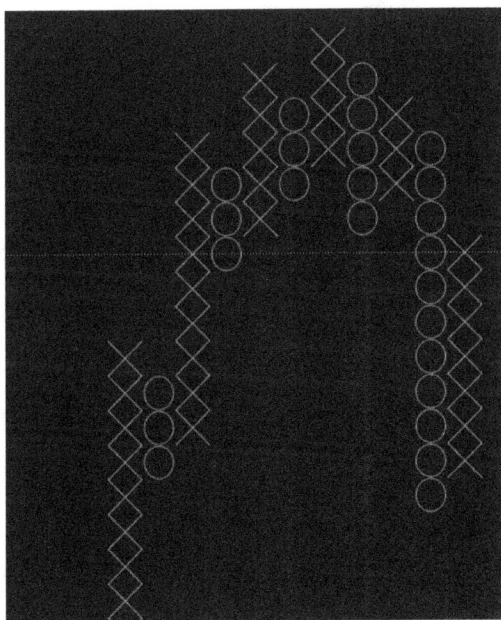

Digamos que el movimiento de precio elegido es de $10. Debemos comenzar en la parte inferior izquierda: las 3 X indican que el precio subió $30, las 2 O significan una caída de $20 y luego las 2 X finales representan un aumento de $20. El tiempo es irrelevante.

Gráfico de Heiken-Ashi

Los gráficos Heikin-Ashi son una versión más simple y suavizada de los gráficos de velas. Funcionan casi de la misma manera que los gráficos de velas (velas, mechas, sombras, etc.), excepto que los gráficos de HA suavizan los datos de precios durante dos períodos en lugar de uno. Esto, esencialmente, hace que Heikin-Ashi sea preferible para muchos traders frente a los gráficos de velas, ya que los patrones y las tendencias se pueden detectar más fácilmente, y las señales falsas (movimientos pequeños y sin sentido) se omiten, en gran parte. Dicho esto, la apariencia más simple oscurece algunos datos relativos a las velas, que es en parte la razón por la que Heikin-Ashis aún no ha reemplazado a las velas. Por lo tanto, te sugiero que experimentes con ambos tipos de gráficos y descubras qué se adapta mejor a tu estilo y capacidad para discernir tendencias.

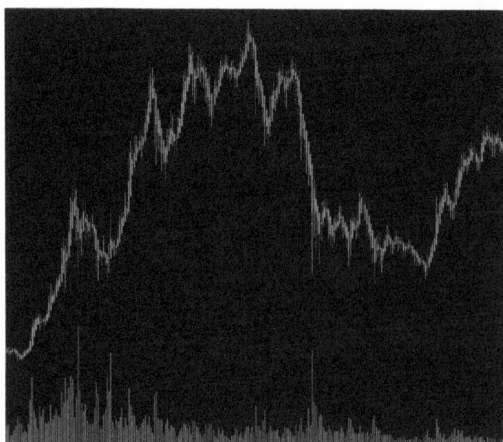

Los patrones de gráficos se clasifican para comprender rápidamente el papel y el propósito. Estas son algunas de estas clasificaciones:

Alcista

Es probable que todos los patrones alcistas den lugar a que el resultado sea favorable al alza, por lo que, por ejemplo, un patrón alcista puede dar lugar a una tendencia alcista del 10%.

Bajista

Es probable que todos los patrones bajistas den lugar a que el resultado sea favorable a la baja, por lo que, por ejemplo, un patrón bajista puede dar lugar a una tendencia bajista del 10%.

Candelero

Los patrones de velas se aplican específicamente a los gráficos de velas, no a todos los gráficos. Esto se debe a que los patrones de velas se basan en información que solo puede llegar en un formato de vela (cuerpo y mecha).

Número de barras/velas

El número de barras o velas en un patrón no suele ser superior a tres.

Continuación

Los patrones de continuación indican que es más probable que la tendencia previa al patrón continúe. Así, por ejemplo, si se forma un patrón de continuación X en la parte superior de una tendencia alcista, es probable que la tendencia alcista continúe.

Evasión

Una ruptura es un movimiento por encima de la resistencia o por debajo del soporte. Los patrones de ruptura indican que tal movimiento es probable. La dirección de esa ruptura es específica del patrón.

Inversión

Una reversión es un cambio en la dirección del precio. Un patrón de reversión indica que es probable que la dirección del precio cambie (por lo tanto, una tendencia alcista se convertiría en una tendencia bajista y una tendencia bajista se convertiría en una tendencia alcista).

¿Qué tipo de monederos de Bitcoin existen?

Existen varias categorías distintas de billeteras que difieren en seguridad, usabilidad y accesibilidad:

1. *Billetera de papel.* Una billetera de papel define el almacenamiento de información privada (claves públicas, claves privadas y frases semilla) en, como su nombre lo indica, papel. Esto funciona porque cualquier par de claves públicas y privadas puede formar una billetera; No se necesita una interfaz en línea. El almacenamiento físico de información digital se considera más seguro que cualquier forma de almacenamiento en línea, simplemente porque la seguridad en línea se enfrenta a una serie de posibles amenazas de seguridad, mientras que los activos físicos se enfrentan a pocas amenazas de intrusión si se gestionan adecuadamente. Para crear una billetera de papel de Bitcoin, cualquiera puede visitar bitaddress.org para generar una dirección pública y una clave privada, y luego imprimir la información. Los códigos QR y las cadenas de claves se pueden utilizar para facilitar las transacciones. Sin embargo, dados los desafíos

que enfrentan los titulares de billeteras de papel (daños por agua, pérdida accidental, oscuridad) en relación con las opciones en línea ultraseguras, ya no se recomienda el uso de billeteras de papel en la administración de tenencias significativas de criptomonedas.

2. *Billetera caliente/billetera fría.* Una billetera caliente se refiere a una billetera que está conectada a Internet; lo contrario, almacenamiento en frío, se refiere a una billetera que no está conectada a Internet. Las billeteras calientes permiten que el propietario de la cuenta envíe y reciba tokens; Sin embargo, el almacenamiento en frío es más seguro que el almacenamiento en caliente y ofrece muchos de los beneficios de las billeteras de papel sin tanto riesgo. La mayoría de los exchanges permiten a los usuarios mover las tenencias de las billeteras calientes (que es la predeterminada) a las billeteras frías con solo presionar unos pocos botones (Coinbase se refiere al almacenamiento en frío/fuera de línea como una "bóveda"). Para retirar las existencias del almacenamiento en frío se necesitan unos días, lo que nos lleva de nuevo a la dinámica de accesibilidad frente a la seguridad del almacenamiento en caliente y el almacenamiento en frío. Si está interesado en mantener un criptoactivo a largo plazo, el almacenamiento en frío dentro

de su exchange es el camino a seguir. Si planea comerciar activamente o participar en el comercio de participaciones, el almacenamiento en frío no es una opción factible.

3. *Billetera de hardware.* Las billeteras de hardware son dispositivos físicos seguros que almacenan su clave privada. Esta opción permite combinar cierto grado de accesibilidad en línea (ya que las billeteras de hardware facilitan el acceso a las tenencias) con un medio de almacenamiento que no está conectado a Internet y, por lo tanto, es más seguro. Algunas billeteras de hardware populares, como Ledger (ledger.com) incluso ofrecen aplicaciones que funcionan al unísono con las billeteras de hardware sin comprometer la seguridad. En general, las billeteras de hardware son una excelente opción para los titulares serios y a largo plazo, aunque se debe tener en cuenta la seguridad física; Estas billeteras, así como las billeteras de papel, se almacenan mejor en bancos o soluciones de almacenamiento de alta gama.

¿Es rentable la minería de Bitcoin?

Ciertamente puede serlo. El retorno medio anual de la inversión para los alquileres de mineros de Bitcoin varía de un solo dígito alto a dos dígitos bajos, mientras que el ROI de la minería de Bitcoin autogestionada varía a lo largo de los dos dígitos (para ponerle un número, se puede esperar entre un 20% y un 150% anual, mientras que entre un 40% y un 80% es normal). De cualquier manera, este rendimiento supera los rendimientos históricos del mercado de valores y los bienes raíces del 10%. Sin embargo, la minería de Bitcoin es volátil y costosa, y una serie de factores influyen en los rendimientos de cada individuo. En la siguiente pregunta, examinaremos los factores de la rentabilidad de la minería de Bitcoin, que proporcionan una visión mucho mejor de los rendimientos estimados, así como por qué algunos meses y mineros se desempeñan excepcionalmente bien, y otros no.

¿Qué influye en la rentabilidad de la minería de Bitcoin?

Las siguientes variables son esenciales para determinar la rentabilidad potencial de la minería de Bitcoin:

Precio de la criptomoneda. El principal factor que influye es el precio del activo criptográfico dado. Un aumento de 2 veces en el precio de Bitcoin da como resultado 2 veces la ganancia minera (porque la cantidad de Bitcoin que se gana sigue siendo la misma, mientras que el valor equivalente cambia), mientras que una caída del 50% da como resultado la mitad de las ganancias. Dada la naturaleza volátil de las criptomonedas y especialmente la de Bitcoin, se debe considerar el precio. Sin embargo, en general, si crees en Bitcoin y en las criptomonedas a largo plazo, los cambios de precios no deberían afectarte, ya que tu enfoque estaría en construir capital a largo plazo, que solo puede cambiar según otros factores de esta lista.

Tasa de hash y dificultad. HashRate es la velocidad a la que se resuelven las ecuaciones y se encuentran los bloques. La tasa de hash para los mineros equivale aproximadamente a las ganancias, y más mineros ingresan al sistema (aumentando así la tasa de hash de la red y la "dificultad" minera relacionada, que es una métrica que describe lo difícil que es minar bloques) diluye la participación de hash por minero y, por lo tanto, la rentabilidad. De esta manera, la competencia reduce las ganancias a través de la dificultad y la tasa de hash.

Precio de la electricidad. A medida que el proceso de minería se vuelve más difícil, los requisitos de electricidad también aumentan. El precio de la electricidad puede convertirse en un actor importante en la rentabilidad.

Mitad. Cada 4 años, las recompensas por bloque programadas en Bitcoin se reducen a la mitad para reducir gradualmente la afluencia y el suministro total de monedas. Actualmente (desde el 13 de mayo de 2020 y hasta 2024), las recompensas de los mineros son de 6,25 bitcoins por bloque. Sin embargo, en 2024, las recompensas por bloque caerán a 3.125 bitcoins por bloque, y así sucesivamente. De esta manera, las recompensas mineras a largo plazo deben caer a menos que el valor de cada moneda aumente de valor tanto o más que la disminución de las recompensas por bloque.

Costo de hardware. Por supuesto, el precio real del hardware necesario para minar Bitcoin juega un papel importante en las ganancias y el retorno de la inversión. La minería se puede configurar fácilmente en PC normales (si tienes una, echa un vistazo a nicehash.com); Dicho esto, la configuración de equipos completos implica el costo de placas base, CPU, tarjetas gráficas, GPU, RAM, ASIC y más. La salida fácil es simplemente comprar equipos prefabricados, pero esto implica pagar una prima. Hacer el tuyo propio ahorra dinero, pero también requiere conocimientos técnicos; Por lo general, las opciones de bricolaje cuestan al menos $3,000, pero generalmente se acercan a los $10,000. Todos estos factores de hardware deben tenerse en cuenta para hacer una estimación decente del rendimiento potencial en el entorno rápidamente cambiante de la minería de Bitcoin y criptomonedas.

Para concluir esta pregunta, las variables que influyen en la rentabilidad de la minería son numerosas y están sujetas a cambios rápidos, y las ganancias potenciales están sesgadas hacia las grandes granjas con acceso a electricidad barata. Dicho esto, la minería de criptomonedas sigue siendo muy rentable, y los rendimientos (excluyendo la posibilidad de un colapso en todo el mercado) han estado y probablemente seguirán estando muy por delante durante bastante tiempo de los rendimientos esperados del mercado de valores o de los rendimientos normales en la mayoría de las otras clases de activos.

¿Existen Bitcoins reales y físicos?

No hay, y probablemente nunca habrá, Bitcoin físico; Se llama "moneda digital" por una razón. Dicho esto, la accesibilidad de Bitcoin aumentará con el tiempo a través de mejores intercambios, cajeros automáticos de Bitcoin, tarjetas de débito y crédito de Bitcoin y otros servicios. Con suerte, algún día Bitcoin y otras criptomonedas serán tan fáciles de usar como las monedas físicas.

¿Bitcoin no tiene fricciones?

Un mercado sin fricciones es un entorno comercial ideal en el que no hay costos ni restricciones en las transacciones. El mercado de Bitcoin (que consta de pares), aunque está en el camino hacia la ausencia de fricciones (especialmente en lo que respecta a la transferencia global de dinero), no está cerca de estar realmente allí.

HTTPS://LibertyTreeCS.New   YorkPet.org/2016/03/Is-Bitcoin-Really-Frictionless/

¿Bitcoin usa frases mnemotécnicas?

Una frase mnemotécnica es un término equivalente a una frase semilla; Ambos representan secuencias de 12 a 24 palabras que identifican y representan billeteras. Piense en ello como una contraseña de respaldo; Con él, nunca podrá perder el acceso a su cuenta. Por otro lado, si lo olvida, no hay forma de restablecerlo o recuperarlo y cualquier otra persona que lo tenga tiene acceso a su billetera. Todas las billeteras dentro de las cuales puede tener Bitcoin usan frases mnemotécnicas; Siempre debe guardar estas frases en un lugar seguro y privado; En papel es lo mejor, lo mejor de todo en papel en una bóveda o caja fuerte.

Your Seed Phrase

Your Seed Phrase is used to generate and recover your account.

1. issue	2. flame	3. sample
4. lyrics	5. find	6. vault
7. announce	8. banner	9. cute
10. damage	11. civil	12. goat

Please save these 12 words on a piece of paper. The order is important. This seed will allow you to recover your account.

7

¿Puedes recuperar tu Bitcoin si lo envías a la dirección equivocada?

Una dirección de reembolso es una dirección de billetera que puede servir como respaldo en caso de que falle la transacción. Si se produce un evento de este tipo, se devuelve un cargo a la dirección de reembolso especificada. Si alguna vez necesitas proporcionar una dirección de reembolso, asegúrate de que la dirección sea correcta y de que puedas recibir el token que estás enviando.

¿Es seguro Bitcoin?

Bitcoin, gobernado por una red blockchain de sistema subyacente, es uno de los sistemas más seguros del mundo por las siguientes razones:

1. *Bitcoin es público.* Bitcoin, como muchas criptomonedas, tiene un libro de contabilidad público que registra todas las transacciones. Dado que no se debe proporcionar información privada para poseer y comerciar con Bitcoin y toda la información de las transacciones es pública en la cadena de bloques, los intrusos no tienen nada que piratear o robar; la única alternativa a hackear y beneficiarse de la red Bitcoin (excluyendo los puntos humanos de fallo, como los ataques de intercambio y las contraseñas perdidas; nos estamos centrando en el propio Bitcoin) es un ataque del 51%, lo que, a la escala de Bitcoin, es prácticamente imposible. Ser "público" también se relaciona con que Bitcoin no tiene permiso; Nadie lo controla y, por lo tanto, ningún punto de vista subjetivo o singular puede afectar a toda la red (sin el consentimiento de todos los demás en la red).

2. *Bitcoin está descentralizado.* Bitcoin opera actualmente a través de 10.000 nodos, todos los cuales sirven

colectivamente para validar las transacciones.[8] Dado que toda la red valida las transacciones, no hay forma de alterar o controlar las transacciones (a menos que, de nuevo, el 51% de la red esté controlada). Tal ataque, como se mencionó, es prácticamente imposible; al precio actual de Bitcoin, un atacante necesitaría gastar decenas de millones de dólares al día y controlar un volumen de recursos computacionales que simplemente no está disponible.[9] Por lo tanto, la naturaleza descentralizada de la validación de datos hace que Bitcoin sea extremadamente seguro.

3. *Bitcoin es irreversible.* Una vez que se confirman las transacciones en la red, no es posible cambiarlas ya que cada bloque (un bloque es un lote de nuevas transacciones) está conectado a bloques a ambos lados de él, formando así una cadena interconectada. Una vez escritos, los bloques no se pueden modificar. Estos dos factores, en combinación, evitan la alteración de los datos y garantizan una mayor seguridad.

---

[8] "Bitnodes: Distribución global de nodos de Bitcoin". https://bitnodes.io/. Consultado el 30 de agosto de 2021.

[9] "Necesitarías 21 millones de dólares para atacar Bitcoin durante un día: descifrar". 31 de enero de 2020, https://decrypt.co/18012/you-would-need-21-million-to-attack-bitcoin-for-a-day. Consultado el 30 de agosto de 2021.

4. *Bitcoin utiliza el proceso de hashing.* Un hash es una función que convierte un valor en otro; un hash en el mundo de las criptomonedas convierte una entrada de letras y números (una cadena) en una salida cifrada de un tamaño fijo. Los hashes ayudan con el cifrado porque "resolver" cada hash requiere trabajar hacia atrás para resolver un problema matemático extremadamente complejo; Por lo tanto, la capacidad de resolver estas ecuaciones se basa puramente en la potencia computacional. El hash tiene las siguientes ventajas: los datos se comprimen, los valores hash se pueden comparar (en lugar de comparar los datos en su forma original) y las funciones hash son uno de los medios de transmisión de datos más seguros y a prueba de infracciones (especialmente a escala).

¿Se acabará Bitcoin?

Depende de lo que quieras decir con "agotarse". La cantidad de bitcoin que se agrega a la red cada año, invariablemente, se agotará. Sin embargo, en ese momento, diferentes mecanismos de suministro (a diferencia de Bitcoin como recompensa minera) tomarán el relevo y el negocio continuará con normalidad. En ese sentido, Bitcoin nunca debería agotarse.

¿Cuál es el objetivo de Bitcoin?

El valor principal de Bitcoin proviene de las siguientes aplicaciones: como reserva de valor y medio de transacciones privadas, globales y seguras. Esto, en esencia, es el objetivo de Bitcoin; un propósito que se había ejecutado con bastante éxito dados sus rendimientos históricos y las aproximadamente 300.000 transacciones diarias.

¿Cómo le explicarías Bitcoin a un niño de 5 años?

Bitcoin es dinero de computadora que las personas pueden usar para comprar y vender cosas o para ganar más dinero. Bitcoin funciona gracias a la cadena de bloques. Blockchain es una herramienta que permite a muchas personas diferentes pasar de forma segura información o dinero valioso sin necesidad de que otra persona lo haga por ellos.

¿Es Bitcoin una empresa?

Bitcoin no es una empresa. Es una red de computadoras que ejecutan algoritmos. Sin embargo, dada la progresión del software y el hardware a lo largo del tiempo y para evitar la antigüedad de Bitcoin, se implementó un sistema de votación en la red en el momento de la creación para permitir actualizaciones del código y los algoritmos. El sistema de votación es completamente de código abierto y basado en el consenso, lo que significa que las actualizaciones del sistema propuestas por los desarrolladores y voluntarios deben someterse a un riguroso escrutinio por parte de otras partes interesadas (ya que un error en una actualización haría perder millones de dólares a las partes interesadas), y la actualización solo se aprobará si se alcanza un consenso masivo. La Fundación Bitcoin (bitcoinfoundation.org) emplea a varios desarrolladores a tiempo completo que trabajan para establecer una hoja de ruta para Bitcoin y desarrollar actualizaciones. Una vez más, sin embargo, cualquier persona que tenga algo que aportar puede hacerlo, y no se aplica ninguna empresa u organización real. Además, los usuarios no están obligados a actualizar si se aplica un cambio de regla; Pueden quedarse con cualquier versión que quieran. Las ideas detrás de este sistema son bastante maravillosas; la idea de una red independiente, de código abierto y basada en el consenso tiene aplicaciones en muchos más campos que solo el de Bitcoin.

¿Es Bitcoin una estafa?

Bitcoin, por definición, no es una estafa. Es un instrumento financiero creado por un equipo de ingenieros establecidos. Vale billones, no se puede hackear y el fundador no ha vendido ninguna participación.[10] Dicho esto, Bitcoin es ciertamente manipulable y es muy volátil. Muchas otras criptomonedas en el mercado, a diferencia de Bitcoin, son una estafa. Por lo tanto, investigue, invierta en monedas establecidas con equipos de renombre y use el sentido común.

---

[10] Si bien Satoshi Nakamoto tiene un valor de decenas de miles de millones debido a Bitcoin, no ha vendido nada (en su billetera conocida). Junto con su anonimato, el fundador de Bitcoin probablemente no haya obtenido ninguna ganancia importante a través de la moneda, al menos en relación con las decenas o cientos de miles de millones que posee.

¿Se puede hackear Bitcoin?

Bitcoin en sí mismo es imposible de hackear, ya que toda la red está siendo revisada constantemente por muchos nodos (computadoras) dentro de la red y, por lo tanto, cualquier atacante solo puede piratear realmente el sistema si controla el 51% o más de la potencia computacional de la red (ya que el control mayoritario se puede usar para validar cualquier cosa, ya sea correcta o no). Dado el poder minero detrás de Bitcoin, esto es esencialmente imposible. Sin embargo, el punto débil en la seguridad de las criptomonedas son las billeteras de los usuarios; Las billeteras y los intercambios son mucho más fáciles de piratear. Por lo tanto, aunque Bitcoin es imposible de hackear, su Bitcoin puede ser hackeado por culpa de un exchange, así como por una contraseña débil o compartida accidentalmente. Por lo general, si te ciñes a los exchanges establecidos y mantienes una contraseña privada y segura, tus posibilidades de ser hackeado son prácticamente nulas.

¿Quién realiza un seguimiento de las transacciones de Bitcoin?

Cada nodo (computadora) en la red Bitcoin mantiene una copia completa de todas las transacciones de Bitcoin. La información se utiliza para validar las transacciones y garantizar la seguridad. Además, todas las transacciones de Bitcoin son públicas y se pueden ver a través del libro mayor de Bitcoin; Puedes verlo por ti mismo en el siguiente enlace:

https://www.blockchain.com/btc/unconfirmed-transactions

¿Cualquiera puede comprar y vender Bitcoin?

Dado que Bitcoin está descentralizado, cualquiera puede comprar y vender, independientemente de los factores externos o la identidad. Dicho esto, muchos países requieren que las criptomonedas se negocien solo a través de intercambios centralizados (con fines fiscales y de seguridad), por lo que requieren mandatos básicos de KYC, como identidad, SSN, etc. Estas leyes impiden que algunas personas inviertan en criptomonedas y los exchanges centralizados se reservan el derecho de cerrar cuentas por cualquier motivo.

¿Bitcoin es anónimo?

Como se mencionó en la pregunta anterior, el sistema innato que gobierna Bitcoin permite un completo anonimato personal; Todo lo que debe compartirse para una transacción exitosa es una dirección de billetera. Sin embargo, los mandatos gubernamentales han hecho que sea ilegal en muchos países (el principal ejemplo es EE. UU.) comerciar en intercambios descentralizados. Por lo tanto, los exchanges centralizados prohíben el anonimato legal mientras se comercia con criptomonedas.

¿Pueden cambiar las reglas de Bitcoin?

Dado que Bitcoin está descentralizado, el sistema no puede cambiarse a sí mismo. Sin embargo, las reglas de la red se pueden cambiar a través del consenso de los poseedores de Bitcoin. Hoy en día, los proyectos de código abierto actualizan Bitcoin si se necesitan actualizaciones, y lo hacen solo si los cambios son aceptados por la comunidad de Bitcoin.

¿Debería capitalizarse Bitcoin?

Bitcoin como red debe capitalizarse. Bitcoin como unidad no debe capitalizarse. Por ejemplo, "después de escuchar sobre la idea de Bitcoin, compré 10 bitcoins".

¿Qué son los protocolos de Bitcoin?

Un protocolo es un sistema o procedimiento que controla cómo se debe hacer algo. Dentro de las criptomonedas y Bitcoin, los protocolos son la capa de código que gobierna. Por ejemplo, un protocolo de seguridad determina cómo se debe llevar a cabo la seguridad, un protocolo de cadena de bloques gobierna cómo actúa y opera la cadena de bloques, y un protocolo de Bitcoin controla cómo funciona Bitcoin.

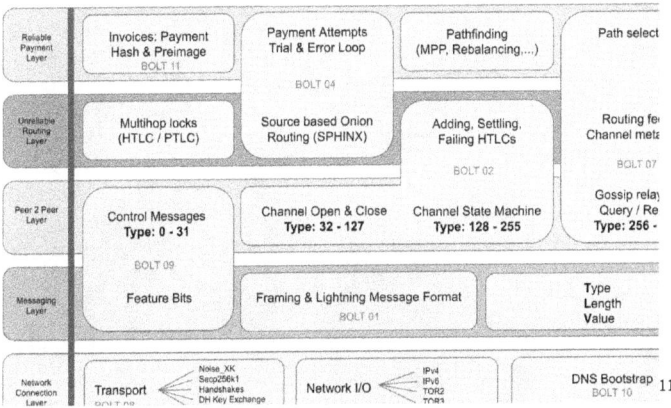

Lightning Network Protocol Sui

Reliable Payment Layer	Invoices: Payment Hash & Preimage BOLT 11	Payment Attempts Trial & Error Loop BOLT 04	Pathfinding (MPP, Rebalancing,...)	Path select
Unreliable Routing Layer	Multihop locks (HTLC / PTLC)	Source based Onion Routing (SPHINX)	Adding, Settling, Failing HTLCs BOLT 02	Routing fe: Channel meta BOLT 07
Peer 2 Peer Layer	Control Messages Type: 0 - 31 BOLT 09	Channel Open & Close Type: 32 - 127	Channel State Machine Type: 128 - 255	Gossip relay Query / Re Type: 256 -
Messaging Layer	Feature Bits	Framing & Lightning Message Format BOLT 01		Type Length Value
Network Connection Layer	Transport ← Noise_XK Secp256k1 Handshakes DH Key Exchange	Network I/O ← IPv4 IPv6 TOR2 TOR3		DNS Bootstrap 11 BOLT 10

*Este es un ejemplo de un protocolo, visto a través de la lente de Lightning Network, que es un protocolo de pago de capa 2 diseñado para funcionar sobre monedas como Bitcoin y Litecoin para permitir

---

[11] Renepick / CC BY-SA 4.0
File:Lightning_Network_Protocol_Suite.png

transacciones más rápidas y, por lo tanto, resolver problemas de escalabilidad.

¿Qué es el libro mayor de Bitcoin?

El libro mayor de Bitcoin, y todos los libros de contabilidad de la cadena de bloques, almacenan datos sobre todas las transacciones financieras realizadas en la cadena de bloques dada. Las criptomonedas utilizan libros de contabilidad públicos, lo que significa que el libro mayor utilizado para registrar todas las transacciones está disponible públicamente. Puedes ver el libro mayor público de Bitcoin en blockchain.com/explorer.

Hash	Time	Amount (BTC)	Amount (USD)
e3bc0fb2e5f235084f3825ab722ca4dda006c3528db1468012e1396984f8a3ec	12:22	3.40547880 BTC	$170,416.94
80c2a1ab9cc9fc84f082e70764021613898beb189428840adf169fb2fb150735	12:22	0.52284473 BTC	$26,164.21
f3773b98ad9b10777e0761dd7d0be8e7953b190546b245fcafef5494124a0e9d	12:22	0.03063826 BTC	$1,533.20
e5e9d678e8494bb68cea67sef3aea769ef972172db542d797dc0f6b67346a9a	12:22	0.00151322 BTC	$75.72
5f3bcd4212f06c00d9ad7be40a07e1b4e6fe3456c7d9926d8e1a5219b7a1f33e	12:22	0.84369401 BTC	$42,220.15
37e7a96509c2b095549c3f865e2dcd3c0a29547d5987c64ef5cf4b6ce9992611	12:22	0.00153592 BTC	$76.88
ee76833c2da6c25129a653905828db74303d2efafdf730b0cc2767d8840e1754	12:22	0.00210841 BTC	$105.51
d2259886d076a2723259cc55e7131c3d4622ce6a14c37eb51cedd9992f3873c1	12:22	0.00251375 BTC	$125.79
8f7a79519dec4bab0cc9x16e79c13ca1f944c7946faf24004052aa2a0aed072f	12:22	1.60242673 BTC	$80,188.77
7f6fa2f64999a07e03a344aed9ddb34282683afeddfcb611f9d6109b83bdb1ff	12:22	0.00022207 BTC	$11.11
8c9dfdf9b649a1d465d5d22fcb3f85ad91b067d36b4b60b3233d0c78cf859d00	12:22	0.00006000 BTC	$3.00
4dca5a6630641314fff08a30dca8209585563c450accdf01f1f72401b9ffbe24	12:22	0.00761070 BTC	$380.85
7e31b8568d54ea894819ed19b11d03025141ca429bfba699ca73fb82ea0825d	12:22	0.00070666 BTC	$35.36
9fd5d4e37f766c41407ac8d2dc8cd48efa6cf00f901a81e81e75a1a874c2beef	12:22	0.00061789 BTC	$30.92
b4dda5555fde52d2c1e51fa89e56998e55604b77da8f8138a62b256aac2960fb	12:22	0.07876440 BTC	$3,941.53
a8f05dce5ca3964bd5fbfb65a52e8a238345b7739f1828c368fbc8aba129391a	12:22	1.41705545 BTC	$70,912.32
b80588be59e4be8d3b22294d86c2f0df577a7e58a9296fafbb62ba3add06b093	12:22	0.30358853 BTC	$15,192.18
e0fb0dcd87c22b2e11ef7et43832a7a6a51ac a0907d0d03191f8d9e279a410dd8	12:22	0.00712366 BTC	$356.48
f60389c978d4bf68bb32047fbd5efecb046d1f0e09c3c7b2035e5b2b6a852445	12:22	0.00029789 BTC	$14.91
a620e18a7a4538e4cd410f1f9fb213408174f699ffe2d245840b388e7befbfbf	12:22	0.79690506 BTC	$39,878.74
cbdc8af0869d4a243add9c0b8c40d014d4a33a5e01e8eacd3fbcaffc9aba36c2	12:22	0.54677419 BTC	$27,361.68

* Una vista en vivo del libro mayor público de Bitcoin desde blockchain.com

¿Qué tipo de red es Bitcoin?

Bitcoin es una red P2P (peer-to-peer). Una red peer-to-peer implica que muchos equipos trabajen entre sí para completar tareas. Las redes peer-to-peer no requieren una autoridad central y son una parte integral de las redes blockchain y las criptomonedas.

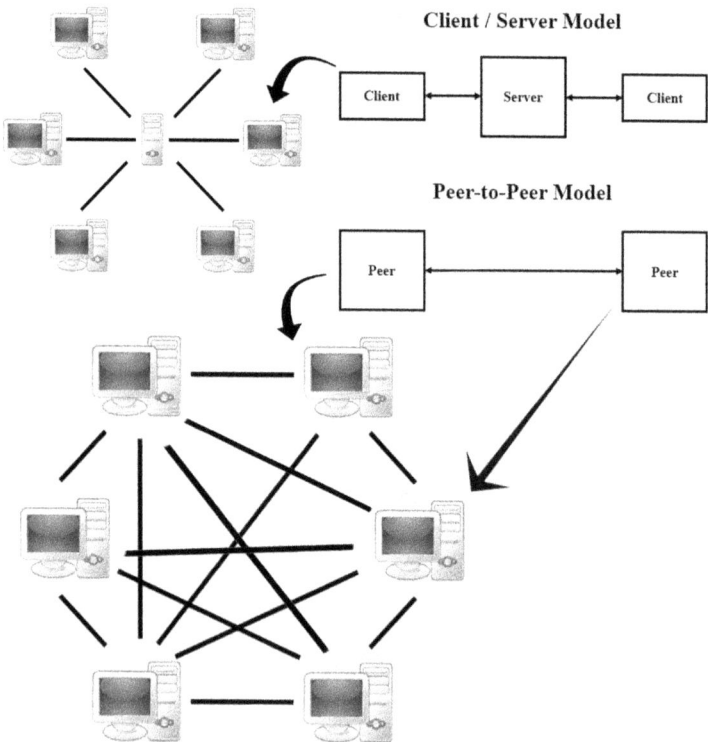

Creado por el autor; Basado en imágenes de las siguientes fuentes:

¿Puede Bitcoin seguir siendo la criptomoneda principal cuando alcance el suministro máximo?

De hecho, el suministro de Bitcoin se agotará, pero lo hará en el año 2140. En ese momento, los 21 millones de BTC estarán en la red, y se debe implementar otro incentivo o sistema de suministro para la supervivencia continua de la red. Sin embargo, adivinar si Bitoin será la principal criptomoneda en el año 2140 es como preguntar en el año 1900 cómo sería 2020; La diferencia en la tecnología es casi imposiblemente grande y el entorno tecnológico en el siglo XXII es una incógnita. Habrá que ver.

¿Cuánto dinero ganan los mineros de Bitcoin?

Los mineros de Bitcoin, en conjunto, ganan alrededor de 45 millones de dólares al día y 1,9 millones de dólares por hora (6,25 Bitcoin por bloque, 144 bloques al día). El beneficio por minero depende de la potencia de hash, el coste de la electricidad, la tarifa del pool (si está en un pool), el consumo de energía y el coste del hardware; Las calculadoras de minería en línea pueden estimar las ganancias en función de todos estos factores. La más popular de estas calculadoras, proporcionada por Nicehash, se puede encontrar en https://www.nicehash.com/profitability-calculator.

¿Cuál es la altura del bloque de Bitcoin?

La altura del bloque es el número de bloques en una cadena de bloques. La altura 0 es el primer bloque (también conocido como el "bloque génesis"), la altura 1 es el segundo bloque, y así sucesivamente; la altura actual del bloque de Bitcoin es de más de medio millón. El "tiempo de generación de bloques" de Bitcoin es actualmente de alrededor de 10 minutos, lo que significa que se agrega un nuevo bloque a la cadena de bloques de Bitcoin aproximadamente cada 10 minutos.

```
↑

□  - (HEIGHT 5) BLOCK 5

□  - (HEIGHT 4) BLOCK 4

□  - (HEIGHT 3) BLOCK 3

□  - (HEIGHT 2) BLOCK 2

□  - (HEIGHT 1) BLOCK 1

■  - (HEIGHT 0) GENESIS BLOCK
```

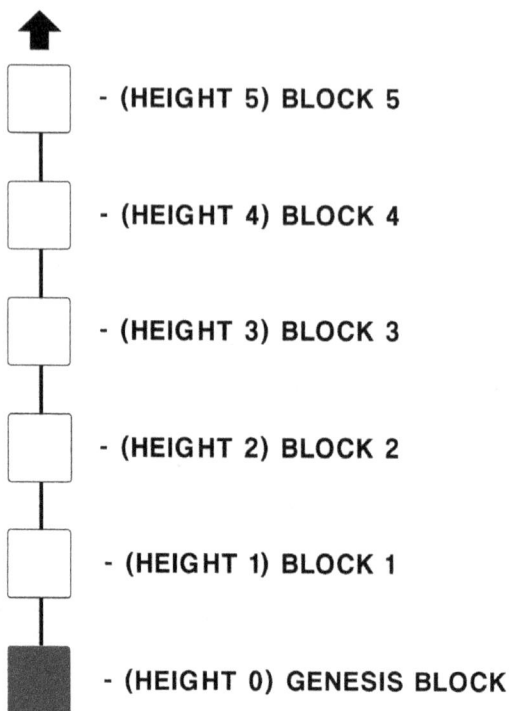

[13]Cambiar esto

¿Bitcoin utiliza Atomic Swaps?

Un intercambio atómico es una tecnología de contrato inteligente que permite a los usuarios intercambiar dos monedas diferentes entre sí sin un intermediario externo, generalmente un intercambio, y sin necesidad de comprar o vender. Los exchanges centralizados, como Coinbase, no pueden realizar intercambios atómicos. En cambio, los

---

exchanges descentralizados permiten intercambios atómicos y dan un control total a los usuarios finales.

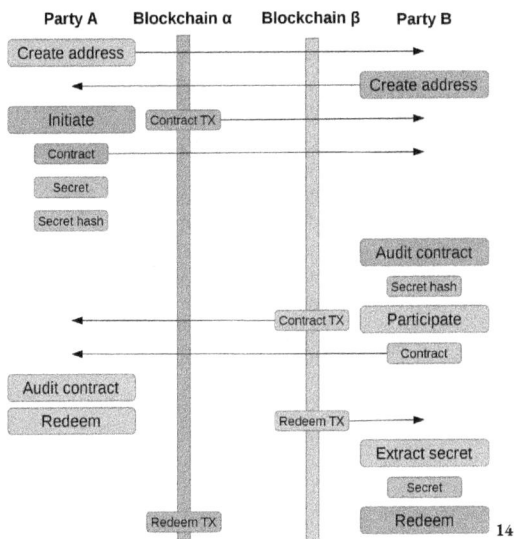

Party A	Blockchain α	Blockchain β	Party B

Create address

Create address

Initiate — Contract TX

Contract

Secret

Secret hash

Audit contract

Secret hash

Contract TX — Participate

Contract

Audit contract

Redeem

Redeem TX

Extract secret

Secret

Redeem TX

Redeem [14]

*Visualización de un flujo de trabajo de intercambio atómico.

[14] Nickboariu / CC BY-SA 4.0 / File:Atomic_Swap_Workflow.svg

¿Qué son los pools de minería de Bitcoin?

Los pools de minería, también conocidos como minería en grupo, se refieren a grupos de personas o entidades que combinan su poder computacional para minar juntos y dividir las recompensas. Esto también garantiza ganancias constantes, en lugar de esporádicas.

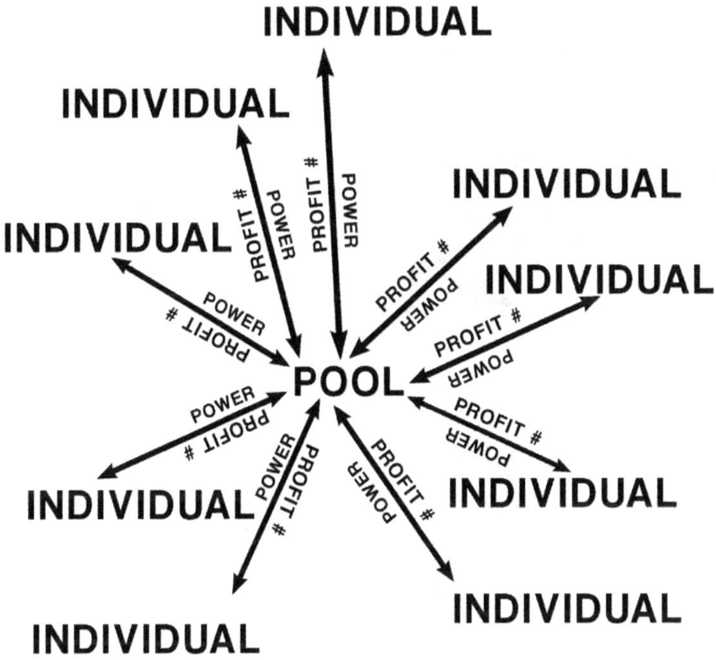

15

¿Quiénes son los mayores mineros de Bitcoin?

La Figura 2.3 es un desglose de la distribución de los mineros de Bitcoin. Los grandes porciones son todos pools de minería, no mineros individuales, ya que los pools permiten una escala masiva (en

---

[15] Obra original del autor. Utilizable bajo licencia CC BY-SA 4.0

términos de potencia computacional) al aprovechar una red de individuos. Esto, en esencia, aplica el concepto de distribución muy parecido al de Bitcoin a la minería. Los grupos de Bitcoin más grandes incluyen Antpool (un grupo de minería de acceso abierto), ViaBTC (conocido por ser seguro y estable), Slush Pool (el grupo de minería más antiguo) y BTC.com (el más grande de los cuatro).

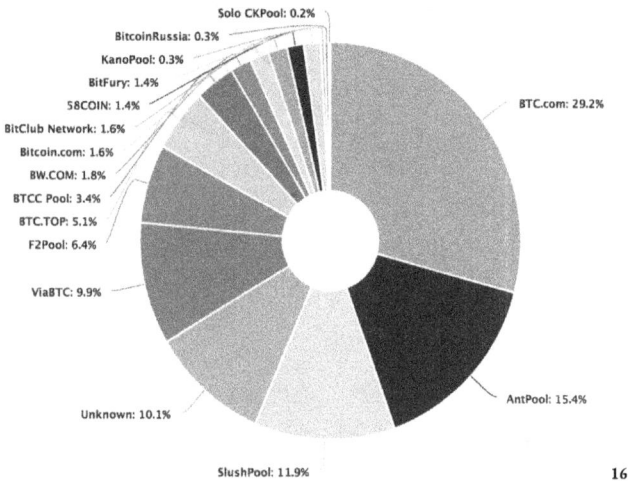

Figura 2.3: Distribución de la minería de Bitcoin 3

[16] "Distribución de minería de Bitcoin 3 | Descargar Diagrama Científico." https://www.researchgate.net/figure/Bitcoin-Mining-Distribution-3_fig3_328150068. Consultado el 2 de septiembre de 2021.

¿Está obsoleta la tecnología Bitcoin?

Sí, la tecnología que impulsa Bitcoin está desactualizada en relación con los competidores más nuevos. Bitcoin hizo el trabajo de ser pionero y actuó como una prueba de concepto para las criptomonedas, pero como con toda la tecnología, la innovación avanza y mantenerse al día con dicha innovación requiere actualizaciones cohesivas, que Bitcoin no ha tenido. La red Bitcoin puede manejar alrededor de 7 transacciones por segundo, mientras que Ethereum (la segunda criptomoneda más grande por capitalización de mercado) puede manejar 30 transacciones por segundo y Cardano, la tercera criptomoneda más grande y mucho más nueva, puede manejar alrededor de 1 millón de transacciones por segundo. La congestión de la red en la red Bitcoin conduce a tarifas mucho más altas. De esta manera, así como en programabilidad, privacidad y uso de energía, Bitcoin está algo desactualizado. Esto no significa que no funcione; Lo hace, solo significa que se deben implementar actualizaciones serias o la experiencia del usuario empeorará y los competidores prosperarán. Sin embargo, independientemente, Bitcoin tiene un enorme valor de marca, una escala masiva de uso y adopción, y protocolos que hacen el trabajo de manera segura; Esto solo significa que no es un juego de suma cero ni es probable que termine en el mejor o peor escenario. Es probable que veamos un escenario intermedio, en el que Bitcoin siga enfrentándose a problemas, siga implementando soluciones y siga creciendo (aunque el crecimiento tendrá que ralentizarse en algún momento) a medida que crezca el espacio de las criptomonedas.

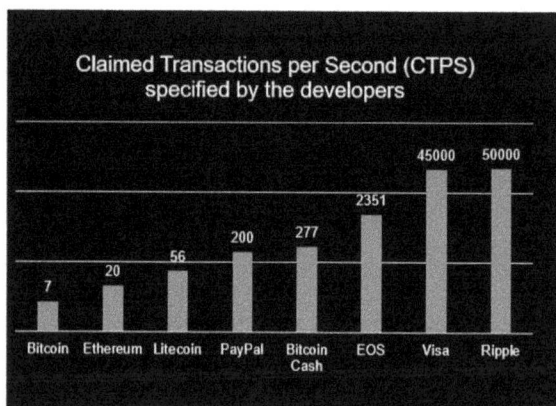

Claimed Transactions per Second (CTPS) specified by the developers

---

[17] "Bitcoin Explicado - Capítulo 7: Escalabilidad de Bitcoins - Investerest." https://investerest.vontobel.com/en-dk/articles/13323/bitcoin-explained---chapter-7-bitcoins-scalability/. Consultado el 4 de septiembre de 2021.

¿Qué es un nodo de Bitcoin?

Un nodo es una computadora (un nodo puede ser cualquier computadora, no un tipo específico) que está conectada a la red de una cadena de bloques y ayuda a la cadena de bloques a escribir y validar bloques. Algunos nodos descargan un historial completo de su cadena de bloques; Estos se denominan masternodes y realizan más tareas que los nodos normales. Además, los nodos no están vinculados de ninguna manera a una red específica; Los nodos pueden cambiar a muchas cadenas de bloques diferentes prácticamente a voluntad, como es el caso de la minería multipool.

¿Cómo funciona el mecanismo de suministro de Bitcoin?

Bitcoin utiliza un mecanismo de suministro PoW. Un mecanismo de suministro es la forma en que se introducen nuevos tokens en la red. PoW, o "Prueba de trabajo" significa literalmente que se requiere trabajo (en términos de ecuaciones matemáticas) para crear bloques. Las personas que hacen el trabajo son mineros.

¿Cómo se calcula la capitalización de mercado de Bitcoin?

La ecuación para la capitalización de mercado es muy simple: # de unidades x precio por unidad. Las "unidades" de Bitcoin son monedas, por lo que para resolver la capitalización de mercado se puede multiplicar la oferta circulante (aprox. 18,8 millones) por el precio por moneda (aprox. 50.000 dólares). El número resultante (en este caso, 940 mil millones) es la capitalización de mercado.

¿Se pueden dar y recibir préstamos de Bitcoin?

Sí, puedes aprovechar Bitcoin y otras criptomonedas para pedir un préstamo en dólares. Estos préstamos son ideales para las personas que no quieren vender sus tenencias de Bitcoin, pero que necesitan dinero para gastos como el pago del coche o de la propiedad, los viajes, la compra de una propiedad, etc. Obtener un préstamo permite al titular mantener sus activos y, al mismo tiempo, aprovechar el valor bloqueado en el activo. Además, los préstamos de Bitcoin tienen tiempos de respuesta y aceptación extremadamente rápidos, los puntajes de crédito no importan y los préstamos vienen con cierto grado de confidencialidad (lo que significa que los prestamistas no tienen interés en lo que gasta el dinero). Como prestamista, es una buena estrategia crear ingresos a partir de participaciones que de otro modo serían sedentarias; en ambos lados, el riesgo está en gran medida en las fluctuaciones de Bitcoin. De cualquier manera, es un negocio intrigante, que apenas está comenzando y tiene un potencial de crecimiento realmente masivo. Los servicios más populares para dar y recibir préstamos de Bitcoin y monedas son blockfi.com, lendabit, youhodler, btcpop, coinloan.io y mycred.io.

¿Cuáles son los mayores problemas de Bitcoin?

Bitcoin, desafortunadamente, no es perfecto. Fue el primero de su tipo, y ninguna nueva tecnología se perfecciona en el primer intento. El mayor problema actual y a largo plazo al que se enfrenta Bitcoin es el de la energía y la escala. Bitcoin opera a través de un sistema PoW (proof-of-work), y la desventaja incurrida es el alto uso de energía; Bitcoin utiliza actualmente 78 tW/hora al año (gran parte de los cuales, aunque no todos, utilizan carbono). Para proporcionar algo de perspectiva, un teravatio-hora es una unidad de energía igual a producir un billón de vatios durante una hora. A pesar de esto, la red Bitcoin consume tres veces menos energía que el sistema monetario tradicional; El problema radica en el uso de energía en la adopción masiva y en el uso de energía en relación con otras criptomonedas.[18] Un sistema PoS (proof-of-stake), como el empleado por Ethereum, utiliza un 99,95% menos de energía que una alternativa PoW.[19] Esto es más importante que cualquier dato absoluto de consumo de

---

[18] "Los bancos consumen más de tres veces más energía que Bitcoin..." https://bitcoinist.com/banks-consume-energy-bitcoin/.
[19] "Proof-of-stake podría hacer que Ethereum sea un 99,95% más eficiente energéticamente..." https://www.morningbrew.com/emerging-tech/stories/2021/05/19/proofofstake-make-ethereum-9995-energyefficient-work.

energía, porque insinúa el hecho de que Bitcoin tiene el potencial de consumir mucha menos energía de la que consume actualmente, incluso si un requerimiento de energía ideal está muy lejos. Además de la escala, un problema igualmente importante al que se enfrenta Bitcoin a largo plazo (no en términos de supervivencia, sino en términos de valor) es la utilidad. Bitcoin tiene poca utilidad inherente y sirve más como reserva de valor que como tecnología. Se podría argumentar que Bitcoin llena un nicho y actúa como un oro digital, pero el arma de doble filo de un nicho sedentario es que la volatilidad de Bitcoin es extremadamente alta para una reserva de valor a largo plazo y, en algún momento, la volatilidad debe disminuir o el uso permanecerá limitado al grupo demográfico que se siente cómodo con la alta volatilidad. Como mínimo, la cuestión de la utilidad plantea la cuestión de las alternativas a las altcoins; ya que los casos de uso de las criptomonedas son variados, especialmente en lo que respecta a la utilidad, y por lo tanto las criptomonedas distintas de Bitcoin deben existir y existirán a escala a largo plazo. La pregunta de cuál, si se responde correctamente, será muy rentable.

¿Bitcoin tiene monedas o tokens?

Bitcoin se compone de monedas, pero es importante comprender la diferencia entre tokens y monedas. Un token de criptomoneda es una unidad digital que representa un activo, al igual que una moneda. Sin embargo, mientras que las monedas se construyen sobre su propia cadena de bloques, los tokens se construyen sobre otra cadena de bloques. Muchos tokens utilizan la cadena de bloques de Ethereum y, por lo tanto, se denominan tokens, no monedas. Las monedas se usan solo como dinero, mientras que los tokens tienen una gama más amplia de usos. Comprender los tokens es una parte integral para comprender exactamente lo que está operando, así como para comprender todos los usos de las monedas digitales, y por esas razones las subcategorías de tokens más populares se analizan aquí:

1. *Los tokens de seguridad* representan la propiedad legal de un activo, ya sea digital o físico. La palabra "seguridad" en los tokens de seguridad no significa seguridad en el sentido de estar seguro, sino que "seguridad" se refiere a cualquier instrumento financiero que tenga valor y se pueda negociar. Básicamente, los tokens de seguridad representan una inversión o activo.

2. *Los tokens* de utilidad están integrados en un protocolo existente y pueden acceder a los servicios de ese protocolo.

Recuerde, los protocolos proporcionan reglas y una estructura para que los nodos las sigan, y los tokens de utilidad se pueden usar para fines más amplios que solo como un token de pago. Por ejemplo, los tokens de utilidad se entregan comúnmente a los inversores durante una ICO. Luego, más adelante, los inversores pueden usar los tokens de utilidad que recibieron como medio de pago en la plataforma de la que recibieron los tokens. Lo más importante a tener en cuenta es que los tokens de utilidad pueden hacer algo más que servir como medio para comprar o vender bienes y servicios.

3. *Los tokens de gobernanza* se utilizan para crear y ejecutar un sistema de votación para criptomonedas que permite actualizaciones del sistema sin un propietario centralizado.

4. *Los tokens de pago (transaccionales)* se utilizan únicamente para pagar bienes y servicios.

¿Se puede ganar dinero con solo tener Bitcoin?

Muchas monedas proporcionarán recompensas solo por mantener el activo; Los poseedores de Ethereum pronto obtendrán una APR del 5% en ETH apostado. Sin embargo, la palabra importante es "apostado" porque todas las monedas que ofrecen dinero solo por mantener la moneda o el token (llamadas "recompensas de participación") operan en un sistema y algoritmo PoS (prueba de participación). Un algoritmo PoS es una alternativa a PoW (proof-of-work) que permite a una persona minar y validar transacciones en función del número de monedas que posee. Por lo tanto, con PoS, cuanto más posees, más extraes. Es posible que Ethereum pronto funcione con proof-of-stake, y muchas alternativas ya lo hacen. Dicho todo esto, aún puede ganar intereses sobre su Bitcoin prestándolo a los prestatarios.

¿Bitcoin tiene deslizamiento?

Para proporcionar un poco de contexto, el deslizamiento puede ocurrir cuando se coloca una operación con una orden de mercado. Las órdenes de mercado intentan ejecutarse al mejor precio posible, pero a veces se produce una diferencia notable entre el precio esperado y el precio real. Por ejemplo, puede ver que examplecoin está a $ 100, por lo que coloca una orden de mercado por $ 1000. Sin embargo, solo obtienes 9.8 examplecoin por tus $1000, en lugar de los 10 esperados. El deslizamiento se produce porque los diferenciales de oferta y demanda cambian rápidamente (básicamente, el precio de mercado cambió). Bitcoin y la mayoría de las criptomonedas están sujetas a deslizamientos; Por esta razón, si está colocando una orden grande, considere colocar una orden limitada en lugar de una orden de mercado. Esto eliminará el deslizamiento.

¿Qué acrónimos de Bitcoin debo conocer?

ATH

Acrónimo que significa "all time high". Este es el precio más alto que ha alcanzado una criptomoneda dentro de un período de tiempo elegido.

ATL

Acrónimo que significa "mínimo histórico". Este es el precio más bajo que ha alcanzado una criptomoneda dentro de un período de tiempo elegido.

BTD

Acrónimo que significa "Comprar la caída". También puede representarse, junto con un poco de lenguaje salado, como BTFD.

CEX

Acrónimo que significa "intercambio centralizado". Los exchanges centralizados son propiedad de una empresa que gestiona las transacciones. Coinbase es un CEX popular.

ICO (en inglés)

"Oferta inicial de monedas".

P2P

"Los pies son los pies".

PND

"Bombear y descargar".

Retorno de la inversión

"Retorno de la inversión".

DLT

Acrónimo que significa "Distributed Ledger Technology" (Tecnología de contabilidad distribuida). Un libro mayor distribuido es un libro mayor que se almacena en muchas ubicaciones diferentes para que las transacciones puedan ser validadas por varias partes. Las redes blockchain utilizan libros de contabilidad distribuidos.

SATS

SATS es la abreviatura de Satoshi Nakamoto, que es el seudónimo utilizado por el creador de Bitcoin. Un SATS es la unidad más pequeña permitida de bitcoin, que es 0,000000001 BTC. La unidad más pequeña de bitcoin también se conoce simplemente como Satoshi.

¿Qué jerga de Bitcoin debo saber?

Bolsa

Una bolsa se refiere a la posición de uno. Por ejemplo, si posees una cantidad considerable en una moneda, posees una bolsa de ellas.

Soporte para bolsa

Un portador de bolsa es un comerciante que tiene una posición en una moneda sin valor. Los portadores de bolsas a menudo mantienen la esperanza en su posición inútil

Delfín

Los poseedores de criptomonedas se clasifican a través de varios animales diferentes. Aquellos con posesiones extremadamente grandes, como en los 10 millones de dólares, se llaman ballenas, mientras que aquellos con posesiones de tamaño moderado se llaman delfines.

Volteo / Flappening

El "flippening" se utiliza para describir el momento hipotético en el que, si es que lo hace, Etherium (ETH) superó a Bitcoin (BTC) en capitalización de mercado. El "flappening" fue el momento en que

Litecoin (LTC) superó a Bitcoin Cash (BCH) en capitalización de mercado. El aleteo ocurrió en 2018, mientras que el volteo aún no se ha producido y, basado puramente en la capitalización de mercado, es poco probable que ocurra.

Luna / A la Luna

Términos como "a la luna" y "va a la luna" simplemente se refieren a que la criptomoneda aumenta de valor, generalmente en una cantidad extrema.

Vaporware

Vaporware es una moneda o token que ha sido promocionado, pero tiene poco valor intrínseco y es probable que disminuya su valor.

Vladimir Club

Término que describe a alguien que ha adquirido el 1% del 1% (0,01%) de la oferta máxima de una criptomoneda.

Manos débiles

Los traders que tienen "manos débiles" carecen de la confianza para mantener sus activos en el. se enfrentan a la volatilidad y, a menudo, operan con emoción, en lugar de ceñirse a su plan de negociación.

REKT

Ortografía fonética de "naufragado".

HODL

"Agárrate a la vida".

DYOR

"Haz tu propia investigación".

FOMO (en inglés)

"Miedo a perderse algo".

FUD

"Miedo, incertidumbre y duda".

JOMO

"Alegría de perderse algo".

ELI5

"Explícalo como si tuviera 5 años".

¿Se puede utilizar el apalancamiento y el margen para operar con Bitcoin?

Para proporcionar contexto a aquellos que no están familiarizados con el trading apalancado, los traders pueden "apalancar" el poder de trading operando con fondos prestados de un tercero. Por ejemplo, supongamos que tienes $1,000 y estás usando un apalancamiento de 5x; Ahora está operando con $5,000 en fondos, de los cuales $4,000 tomó prestados. Por esa misma función, el apalancamiento de 10x es de $10,000 y el de 100x es de $100,000. El apalancamiento le permite amplificar las ganancias utilizando dinero que no es suyo y quedándose con parte de las ganancias adicionales. El trading con margen es casi intercambiable con el trading con apalancamiento (ya que el margen crea apalancamiento) y la única diferencia es que el margen se expresa como un depósito porcentual requerido, mientras que el apalancamiento es una proporción (lo que significa que puede operar con margen con un apalancamiento de 3x). El apalancamiento y el trading de margen son muy arriesgados; En términos generales, a menos que tengas un trader experimentado y tengas cierta estabilidad financiera, no se recomienda operar con apalancamiento. Dicho esto, muchos exchanges ofrecen servicios de trading apalancado para Bitcoin y otras criptomonedas. A continuación se enumeran los mejores servicios que ofrecen operaciones con apalancamiento de criptomonedas:

- Binance (popular, el mejor en general)
- Bybit (mejores gráficos)
- BitMEX (el más fácil de usar)
- Deribit (lo mejor para el comercio apalancado de Bitcoin)
- Kraken (popular, fácil de usar)
- Poloniex (alta liquidez)

¿Qué es una burbuja de Bitcoin?

Una burbuja en Bitcoin y todas las inversiones se refiere a un momento en el que todo está subiendo a un ritmo insostenible. A menudo, las burbujas estallarán y desencadenarán un gran choque. Por esta razón, estar en una burbuja, ya sea refiriéndose al mercado en su conjunto o a una moneda o token específico, es tanto bueno como (más) malo.

¿Qué significa ser "alcista" o "bajista" en Bitcoin?

Ser bajista significa que piensas que el precio de una moneda, token o el valor del mercado en su conjunto va a bajar. Si piensas así, también se te considera "bajista" en el valor dado. Lo contrario es ser alcista: una persona que piensa que un valor subirá de valor es alcista con ese valor. Estas palabras se popularizaron en la terminología bursátil, y se cree que el origen está ligado a los rasgos de los animales: un toro empujará sus cuernos hacia arriba mientras ataca a un oponente, mientras que un oso se levantará y deslizará hacia abajo.

¿Bitcoin es cíclico?

Sí, Bitcoin es históricamente cíclico y tiende a operar en ciclos de varios años (específicamente, ciclos de 4 años) que históricamente se han dividido en lo siguiente: máximos de ruptura, corrección, acumulación y, finalmente, recuperación y continuación. Esto se puede simplificar a un gran arriba, un gran abajo, un poco hacia arriba o hacia los lados, y un gran hacia arriba. Los máximos de ruptura suelen seguir (normalmente un año más o menos) a los eventos de reducción a la mitad de Bitcoin, que ocurren cada cuatro años (el más reciente de los cuales ocurrió en 2020). Esto, de ninguna manera, es una ciencia exacta, pero proporciona cierta perspectiva sobre el potencial a mediano plazo y la acción del precio de Bitcoin. Además, los grandes saltos de Altcoins (específicamente altcoins medianas y pequeñas) generalmente ocurren mientras Bitcoin no está haciendo un movimiento importante hacia arriba ni un movimiento importante hacia abajo, y a menudo sigue un gran movimiento hacia arriba. En ese momento, los inversores toman las ganancias de Bitcoin (mientras el precio se consolida) y las colocan en monedas más pequeñas. Por lo tanto, todo esto es generalmente algo en lo que pensar, especialmente si estás pensando en comprar o vender Bitcoin.

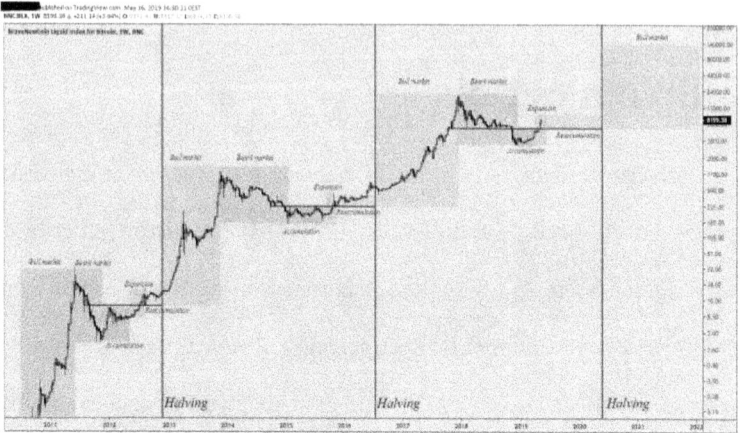

2021

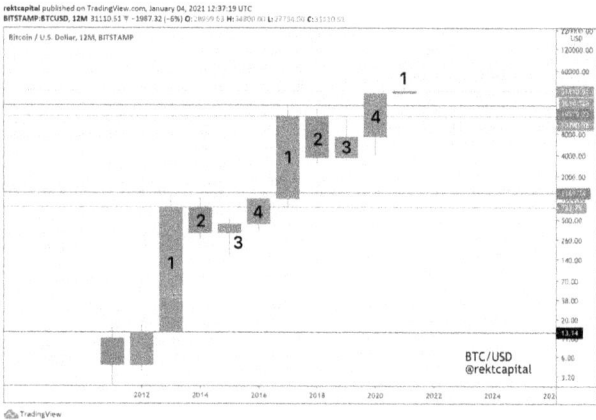

BTC/USD
@rektcapital

20

[21] "Desglose detallado de los ciclos de cuatro años de Bitcoin | Academia de Forex". 10 de febrero de 2021, https://www.forex.academy/detailed-breakdown-of-bitcoins-four-years-cycles/. Consultado el 4 de septiembre de 2021.

[22] "Un desglose detallado de los ciclos de cuatro años de Bitcoin | Hacker Noon". 29 de octubre de 2020, https://hackernoon.com/a-detailed-breakdown-of-bitcoins-four-year-cycles-icp3z0q. Consultado el 4 de septiembre de 2021.

¿Cuál es la utilidad de Bitcoin?

La utilidad dentro de una moneda o token es uno de los aspectos más importantes de la diligencia debida, ya que comprender la utilidad y el valor actuales y a largo plazo detrás de una moneda o token permite un análisis mucho más claro del potencial. La utilidad se define como ser útil y funcional; Las criptomonedas o tokens con utilidad tienen usos reales y prácticos: no solo existen, sino que sirven para resolver un problema u ofrecer un servicio. Es probable que las monedas con los usos y casos de uso actuales más funcionales tengan éxito en comparación con aquellas sin un propósito, uso e innovación continuos. Aquí hay algunos estudios de caso, incluido el de Bitcoin:

❖ Bitcoin (BTC) sirve como una reserva de valor confiable y a largo plazo, similar al "oro digital".

❖ Ethereum (ETH) permite la creación de dApps y contratos inteligentes sobre la cadena de bloques de Ethereum.

❖ Storj (STORJ) se puede utilizar para almacenar datos en la nube de forma descentralizada, similar a Google Drive y Dropbox.

❖ Basic Attention Token (BAT) se utiliza en el navegador de Brave para ganar recompensas y enviar consejos a los creadores.

❖ Golem (GNT) es una supercomputadora global que ofrece recursos informáticos rentables a cambio de tokens GNT.

¿Es mejor mantener Bitcoin o comerciar con él?

Históricamente hablando, es más rentable y más fácil simplemente mantener Bitcoin. El tiempo, el esfuerzo y el tiempo necesarios para operar con éxito (o para obtener mayores beneficios que los que tienen) es una mezcla enormemente difícil de montar; Quienes lo hacen suelen ser traders a tiempo completo o tienen acceso a herramientas que otros no tienen. A menos que estés dispuesto a adoptar este nivel de dedicación o que realmente disfrutes del proceso, es mucho mejor que mantengas y compres Bitcoin a largo plazo.

¿Es arriesgado invertir en Bitcoin?

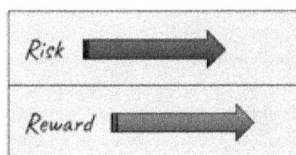

La imagen anterior se basa en el principio de equilibrio entre riesgo y rendimiento. Cuando uno ve que todos los demás ganan dinero (como lo permiten en gran medida y peligrosamente las redes sociales, ya que todos publican las ganancias y no las pérdidas), como está sucediendo actualmente en el mercado de las criptomonedas, tendemos a asumir inconscientemente (o conscientemente) una falta de riesgo significativo. Sin embargo, en términos generales (especialmente en lo que respecta a las inversiones), cuanta más recompensa haya, mayor será el riesgo. Invertir en criptomonedas no está exento de riesgos, ni de bajo riesgo; Es extremadamente arriesgado, pero al ser un arma de doble filo, también ofrece una recompensa extrema.

¿Qué es el libro blanco de Bitcoin?

Un libro blanco es un informe informativo emitido por una organización sobre un producto, servicio o idea general determinados. Los libros blancos explican (en realidad, venden) el concepto y proporcionan una idea y un calendario de eventos futuros. Por lo general, esto ayuda a los lectores a comprender un problema, averiguar cómo los creadores del artículo pretenden resolver ese problema y formarse una opinión sobre ese proyecto. Hay tres tipos de libros blancos que frecuentan el espacio empresarial: en primer lugar, el "antecedente", que explica los antecedentes detrás de un producto, servicio o idea y proporciona información técnica centrada en la educación que vende al lector. Un segundo tipo de libro blanco es una "lista numerada" que muestra el contenido en un formato digerible y orientado a los números. Por ejemplo, "10 casos de uso para la moneda CM" o "10 razones por las que el token HL dominará el mercado". Un último tipo es un documento técnico de problema/solución, que define el problema que el producto, servicio o idea pretende resolver y explica la solución creada.

Los libros blancos se utilizan dentro del espacio criptográfico para explicar conceptos novedosos y los tecnicismos, la visión y los planes que rodean un proyecto determinado. Todos los proyectos profesionales de criptomonedas tendrán un libro blanco, que normalmente se encuentra en su sitio web. Leer el libro blanco le da una mejor comprensión de un proyecto que prácticamente cualquier otra fuente de información accesible. El libro blanco de Bitcoin se publicó en 2008 y esbozó los principios de un sistema de pago electrónico transparente e incontrolable, criptográficamente seguro, distribuido y P2P. Puedes leer el libro blanco original de Bitcoin por ti mismo en el siguiente enlace:

bitcoin.org/bitcoin.pdf

A continuación se presentan algunos sitios web que brindan más información o acceso a los libros blancos de criptomonedas.

Todos los libros blancos de criptomonedas

https://www.allcryptowhitepapers.com/

CryptoRating (en inglés)

https://cryptorating.eu/whitepapers/

CoinDesk (en inglés)

https://www.coindesk.com/tag/white-papers

¿Qué son las claves de Bitcoin?

Una clave es una cadena aleatoria de caracteres utilizada por los algoritmos para cifrar datos. Bitcoin y la mayoría de las criptomonedas utilizan dos claves: una clave pública y una clave privada. Ambas teclas son cadenas de letras y números. Una vez que un usuario inicia su primera transacción, se crea un par de una clave pública y una clave privada. La clave pública se utiliza para recibir criptomonedas, mientras que la clave privada permite al usuario realizar transacciones desde su cuenta. Ambas claves se almacenan en una billetera.

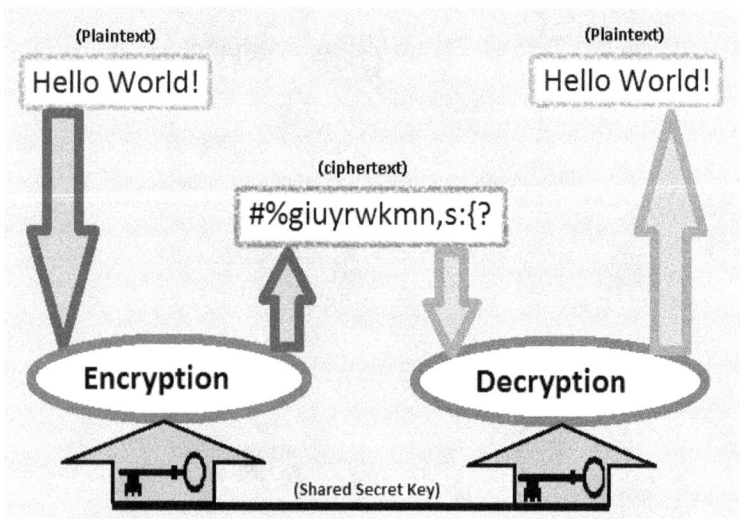

---

[23] Dev-NJITWILL / PDM / File:Crypto.png

¿Es escaso el Bitcoin?

Sí. Bitcoin es un activo deflacionario con un suministro fijo. Las criptomonedas de suministro fijo tienen un límite de suministro algorítmico. Bitcoin, como se mencionó, es un activo de suministro fijo, ya que no se pueden crear más monedas una vez que se hayan puesto en circulación 21 millones. Actualmente, casi el 90% de bitcoin ha sido minado y alrededor del 0,5% del suministro total se está retirando de la circulación por año (debido a que las monedas se envían a cuentas inaccesibles). Según el halving (que se tratará más adelante), Bitcoin alcanzará su suministro máximo alrededor del año 2140. Muchas otras criptomonedas (procedentes del sitio web cryptoli.st, compruébalas por ti mismo si estás interesado en otras listas de criptomonedas) como Binance Coin (BNB), Cardano (ADA), Litecoin (LTC) y ChainLink (LINK), también se basan en un sistema deflacionario de suministro fijo. Más información sobre el concepto de sistemas deflacionarios y por qué esto hace que Bitcoin sea escaso se describe en la pregunta "¿qué significa que Bitcoin sea deflacionario?" a continuación.

¿Qué son las ballenas de Bitcoin?

Las ballenas, en criptomonedas, se refieren a personas o entidades que poseen suficiente cantidad de una moneda o token determinado para ser considerados actores importantes con el potencial de influir en la acción del precio. Alrededor de 1000 ballenas individuales de Bitcoin poseen el 40% de todos los Bitcoins, y el 13% de todo Bitcoin se mantiene en poco más de 100 cuentas.[24] Las ballenas de Bitcoin pueden manipular el precio de Bitcoin a través de varias estrategias, y ciertamente lo han hecho en los últimos años. Un interesante artículo relacionado (publicado por Medium) es "Bitcoin Whales and Crypto Market Manipulation".

---

[24] "El extraño mundo de las 'ballenas' de Bitcoin 22 de enero de 2021, https://www.telegraph.co.uk/technology/2021/01/22/weird-world-bitcoin-whales-2500-people-control-40pc-market/.

¿Quiénes son los mineros de Bitcoin?

Los mineros de Bitcoin son cualquier persona que preste potencia computacional a la red Bitcoin. Esto va desde usuarios de PC Nicehash hasta granjas mineras completas; Cualquiera que agregue energía a la red (aumentando así la tasa de hash) se define como minero. Los mineros de Bitcoin ofrecen potencia computacional a la red Bitcoin, que se utiliza para verificar transacciones y agregar bloques a la cadena de bloques, a cambio de recompensas en Bitcoin.

¿Qué significa "quemar" Bitcoin?

El término "quemado" se refiere al proceso de quema, que es un mecanismo de suministro que permite sacar las monedas de la circulación, actuando así como una herramienta deflacionaria y aumentando el valor de cada moneda en la red (cuyo concepto es muy parecido al de una empresa que recompra acciones en el mercado de valores). La quema se puede realizar de varias maneras diferentes: una de estas formas es enviar monedas a una billetera inaccesible, que se llama "dirección del consumidor". En este caso, aunque los tokens no se han eliminado técnicamente del suministro total, el suministro circulante ha disminuido efectivamente. Actualmente, alrededor de 3.7 millones de Bitcoins (200+ mil millones de valor) se han perdido a través de este proceso. Los tokens también se pueden quemar codificando una función de grabación en los protocolos que gobiernan un token, pero la opción mucho más popular es a través de las direcciones de comedor mencionadas. Un análisis de criptomonedas llamado Timothy Paterson ha afirmado que cada día se pierden 1.500 Bitcoins, lo que supera con creces el aumento diario promedio (a través de la minería) de 900. En última instancia, hasta cierto punto, la pérdida de monedas aumenta la escasez y el valor.

¿Qué significa que Bitcoin sea deflacionario?

Bitcoin es un activo de suministro fijo (lo que significa que el suministro de monedas tiene un límite algorítmico), ya que no se pueden crear más monedas una vez que se hayan puesto en circulación 21 millones. Actualmente, casi el 90% de los Bitcoins han sido minados, y alrededor del 0,5% del suministro total se está perdiendo por año. Como resultado de la reducción a la mitad, Bitcoin alcanzará su suministro máximo alrededor de 2140. El beneficio más evidente de un sistema de suministro fijo es que tales sistemas son deflacionarios. Los activos deflacionarios son activos en los que la oferta total disminuye con el tiempo y, por lo tanto, cada unidad aumenta de valor. Por ejemplo, supongamos que estás varado en una isla desierta con otras 10 personas, y cada persona tiene 1 botella de agua. Dado que algunas personas presumiblemente beberán su agua, el suministro total de 100 botellas de agua solo puede disminuir. Esto convierte al agua en un activo deflacionario. A medida que el suministro total se reduce, cada botella de agua vale cada vez más. Digamos que ahora solo quedan 20 botellas de agua. Cada una de las 20 botellas de agua vale tanto como 5 botellas de agua cuando las 100 estaban circulando. De esta manera, los tenedores a largo plazo de activos deflacionarios experimentan un aumento en el valor de sus tenencias porque el valor fundamental en relación con el conjunto (en el ejemplo de la botella de agua, 1 botella de cada 100 es el 1%, mientras que 1 de cada 20 es el 5%, lo que hace que cada botella valga 5 veces más) ha aumentado. En general, un modelo deflacionario y de suministro fijo, muy parecido al oro digital (especialmente en lo que respecta específicamente a Bitcoin), aumentará el valor fundamental de cada moneda o token con el tiempo y creará valor a través de la escasez.

¿Cuál es el volumen de Bitcoin?

El volumen de operaciones, conocido simplemente como "volumen", es el número de monedas o tokens negociados dentro de un período de tiempo específico. El volumen puede mostrar la salud relativa de una determinada moneda o del mercado en general. Por ejemplo, al momento de escribir este artículo, Bitcoin (BTC) tiene un volumen de 24 horas de USD 46 mil millones, mientras que Litecoin (LTC), en el mismo período de tiempo, negoció USD 7 mil millones. Este número en sí mismo, sin embargo, es algo arbitrario; Un medio estandarizado de comparación dentro del volumen es la relación entre la capitalización de mercado y el volumen. Por ejemplo, continuando con las dos monedas anteriores, Bitcoin tiene una capitalización de mercado de 1,1 billones de dólares y un volumen de 46.000 millones de dólares, lo que significa que 1 de cada 24 dólares de la red se negoció en las últimas 24 horas. Litecoin tiene una capitalización de mercado de $ 16.7 mil millones y un volumen de 24 horas de $ 7 mil millones, lo que significa que $ 1 de cada $ 2.3 en la red se negoció en las últimas 24 horas. A través de la comprensión del volumen, se puede comprender mejor otra información sobre una moneda, como la popularidad, la volatilidad, la utilidad, etc.

¿Cómo se extrae Bitcoin?

Bitcoin se extrae a través de la aplicación de nodos (los nodos, para recapitular, son computadoras en la red). Los nodos resuelven problemas complejos de hashing, y los propietarios de los nodos son recompensados en proporción a la cantidad de trabajo (por lo tanto, prueba de trabajo) completado. De esta manera, los propietarios de los nodos (llamados mineros) pueden minar Bitcoin.

¿Se pueden obtener USD con Bitcoin?

¡Sí! En la pregunta que aparece a continuación, aprenderás sobre los pares. Las monedas fiduciarias se pueden convertir dentro y fuera de Bitcoin a través de un par de moneda fiduciaria a cripto. El par Bitcoin/USD es BTC/USD. Los dólares estadounidenses son la moneda de cotización de Bitcoin y otras monedas, lo que significa que el dólar es la vara de medir con la que se comparan otras criptomonedas; es por eso que puede decir "Bitcoin alcanzó los 50,000" cuando Bitcoin en realidad acaba de llegar a un valor equivalente a 50,000 dólares estadounidenses.

¿Qué es un par de Bitcoin?

Todas las criptomonedas operan en pares. Un par es una combinación de dos criptomonedas que permite el intercambio de dichas criptomonedas. Un par BTC/ETH (cripto a cripto) permite intercambiar Bitcoin por Ethereum, y viceversa. Un par BTC/USD (cripto a fiat) permite que Bitcoin se intercambie por el dólar estadounidense, y viceversa. Dada la gran cantidad de criptomonedas más pequeñas, el mercado de intercambio se centra en unas pocas criptomonedas grandes que, a su vez, se intercambian en cualquier otra cosa. Por ejemplo, es posible que no exista un par Celo (CGLD) a Fetch.ai (FET), pero un par CGLD/BTC y un par BTC/FET permiten que CGLD se convierta en FET. En pocas palabras, los pares son la red que conecta diferentes activos. Los pares también permiten el arbitraje, que consiste en operar con la diferencia de precios de los pares entre diferentes exchanges y mercados.

¿Es Bitcoin mejor que Ethereum?

La diferencia clave entre Bitcoin y Etherem es la propuesta de valor. Bitcoin se creó como una reserva de valor, emparentada con un oro digital, mientras que Ethereum actúa como una plataforma en la que se crean aplicaciones descentralizadas (dApps) y contratos inteligentes (impulsados por el token ETH y el lenguaje de programación Solidity). Dado que ETH es necesario para ejecutar dApps en la cadena de bloques de Ethereum, el valor de ETH está algo ligado a la utilidad. En una frase; Bitcoin es una moneda, mientras que Ethereum es una tecnología, y en este sentido Ethereum no se creó como un competidor de Bitcoin, sino para complementarlo y construir junto a él. Para esto, la pregunta de cuál es mejor es como comparar una manzana con un ladrillo; Ambos son excelentes en lo que hacen y elegir uno sobre otro es elegir la propuesta de valor sobre otro (por ejemplo: necesitamos la manzana para comer, pero el ladrillo para crear refugio), cuya pregunta no tiene una respuesta clara o consensuada.

¿Se pueden comprar cosas con Bitcoin?

Bitcoin representa un sentido compartido de valor; El valor se puede negociar e intercambiar por artículos de valor equivalente o casi equivalente, al igual que cualquier otra moneda. A pesar de esto, es bastante difícil o imposible comprar directamente la mayoría de las cosas con Bitcoin (dicho esto, las opciones existen y se están expandiendo rápidamente). Por supuesto, uno siempre puede cambiar Bitcoin por su moneda dada y usar la moneda para comprar cosas, pero la pregunta sigue siendo: ¿por qué aún no puede usar Bitcoin para comprar artículos que de otro modo pagaría con otros métodos de pago digitales? Tal pregunta es compleja, pero principalmente tiene que ver con el hecho de que el sistema establecido de monedas respaldadas por el gobierno ha funcionado durante bastante tiempo, mientras que las criptomonedas son nuevas y operan fuera del control y la influencia del gobierno. Las tendencias actuales apuntan a que las criptomonedas se integran en gran medida en minoristas, mayoristas y vendedores independientes en línea (y hasta cierto punto, fuera de línea) (a través de la integración con procesadores de pago, como Stripe, PayPal, Square, etc.). Microsoft (en la tienda Xbox), Home Depot (a través de Flexa), Starbucks (a través de Bakkt), Whole Foods (a través de Spedn) y muchas otras empresas aceptan Bitcoin; los puntos de inflexión son los principales minoristas en línea que aceptan Bitcoin (Amazon, Walmart, Target, etc.) y el punto en el que los gobiernos adoptan o rechazan las criptomonedas como método de pago.

¿Cuál es la historia de Bitcoin?

En 1991, se conceptualizó por primera vez una cadena de bloques criptográficamente segura. Casi una década después, en el año 2000, Stegan Knost publicó su teoría sobre las cadenas seguras de criptografía, así como ideas para su implementación práctica y 8 años después, Satoshi Nakamoto publicó un libro blanco (un libro blanco es un informe completo y una guía) que estableció un modelo para una cadena de bloques. En 2009, Nakamoto implementó la primera cadena de bloques, que se utilizó como libro de contabilidad público para las transacciones realizadas con la criptomoneda que desarrolló, denominada Bitcoin. Finalmente, en 2014, los casos de uso de blockchain y las redes blockchain comenzaron a desarrollarse fuera de las criptomonedas, abriendo así las posibilidades de Bitcoin y blockchain al mundo en general.

¿Cómo se compra Bitcoin?

Bitcoin se puede comprar principalmente a través de intercambios y mantenerse, posteriormente, en el intercambio o en una billetera. A continuación se enumeran los intercambios populares para usuarios de EE. UU. y globales:

NOS

Coinbase - coinbase.com (mejor para nuevos inversores)

PayPal - paypal.com (fácil para aquellos que ya usan PayPal)

Binance US - binance.us (mejor para altcoins, inversores avanzados)

Bisq - bisq.network (descentralizado)

Global (funcionalidad no disponible/limitada en EE. UU.)

Binance - binance.com (mejor en general)

Huibo Global - huobi.com (la mayoría de las ofertas)

7b - sevenb.io (fácil)

Crypto.com - crypto.com (tarifas más bajas)

Una vez que se crea una cuenta en un intercambio, los usuarios pueden transferir moneda fiduciaria a la cuenta para comprar las criptomonedas deseadas.

¿Es Bitcoin una buena inversión?

En términos históricos, Bitcoin es una de las mejores inversiones de la última década; la tasa de rendimiento compuesta ha sido de alrededor del 200% al año y 10 dólares invertidos en Bitcoin en 2010 valdrían 7,6 millones de dólares hoy (un asombroso retorno de la inversión del 76.500.000%). Sin embargo, los rápidos rendimientos generados por Bitcoin en el pasado no pueden sostenerse indefinidamente, y la cuestión de si Bitcoin *será* una buena inversión es otra completamente diferente. En general, los hechos actualmente hacen que Bitcoin sea un buen soporte a largo plazo, especialmente si cree en las tendencias aceleradas de la descentralización y la cadena de bloques. Dicho esto, una serie de eventos de cisne negro podrían causar un daño extremo a Bitcoin, y varios competidores podrían superar el lugar de Bitcoin. La cuestión de si invertir debe estar respaldada por hechos, pero en función de ti: la cantidad de riesgo que estás dispuesto a asumir, la cantidad de dinero que puedes y estás dispuesto a arriesgar, etc. Por lo tanto, investigue, piense de la manera más racional posible y tome decisiones comerciales de las que no se arrepentirá.

¿Se desplomará Bitcoin?

Bitcoin es un activo muy cíclico y tiende a desplomarse regularmente. Para los poseedores de Bitcoin a largo plazo, las caídas repentinas y los períodos bajistas sostenidos son abrumadoramente probables. Bitcoin se ha desplomado un 80% o más (un número considerado desastroso en otros mercados) tres veces diferentes desde 2012; En todos los casos, se ha recuperado rápidamente. Todo esto se debe en parte a que Bitcoin todavía se encuentra en su fase de descubrimiento de precios y está creciendo rápidamente en términos de adopción, por lo que la volatilidad es desenfrenada. En resumen; históricamente hablando, aunque Bitcoin sin duda se desplomará, también se recuperará.

¿Qué es el sistema PoW de Bitcoin?

Se utiliza un algoritmo PoW para confirmar transacciones y crear nuevos bloques en una cadena de bloques determinada. PoW, que significa prueba de trabajo, significa literalmente que se requiere trabajo (a través de ecuaciones matemáticas) para crear bloques. Las personas que hacen el trabajo son mineros, y los mineros son recompensados por su esfuerzo computacional a través de la equidad.

¿Qué es el halving de Bitcoin?

El halving es un mecanismo de suministro que rige la velocidad a la que se agregan monedas a una criptomoneda de suministro fijo. La idea y el proceso fueron popularizados por Bitcoin, que se reduce a la mitad cada 4 años. La reducción a la mitad se pone en marcha mediante una reducción programada de las recompensas mineras; Las recompensas en bloque son las recompensas que se otorgan a los mineros (en realidad, las computadoras) que procesan y validan las transacciones en una red blockchain determinada. De 2016 a 2020, todas las computadoras (llamadas nodos) en la red Bitcoin ganaron colectivamente 12.5 Bitcoin cada 10 minutos, y esa fue la cantidad de Bitcoins que entraron en circulación. Sin embargo, después del 11 de mayo[de] 2020, las recompensas cayeron a 6.25 Bitcoin por el mismo período de tiempo. De esta manera, por cada 210.000 bloques minados, lo que equivale aproximadamente a cada cuatro años, las recompensas por bloque seguirán reduciéndose a la mitad hasta que se alcance el límite máximo de 21 millones de monedas alrededor del año 2040. Por lo tanto, es probable que el halving aumente el valor de Bitcoin y otras criptomonedas al disminuir la oferta sin alterar la demanda. La escasez, como se mencionó, impulsa el valor, y la oferta limitada combinada con la creciente demanda crea una escasez cada vez mayor. Por esta razón, el halving ha hecho subir históricamente el precio de Bitcoin y probablemente será un catalizador de crecimiento a largo plazo. Crédito de la cifra a medium.com.

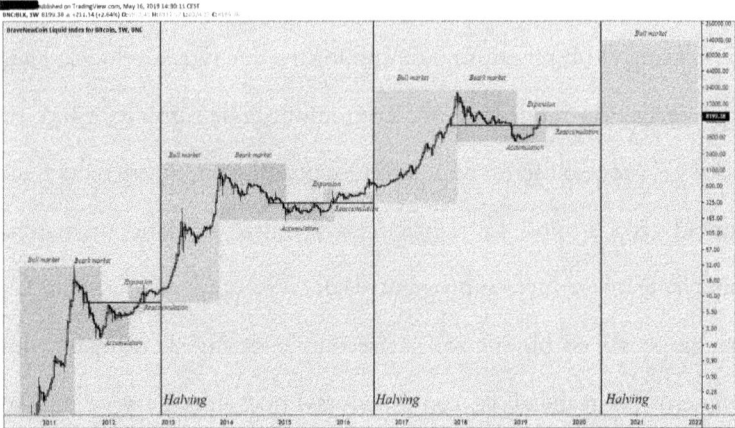

25

[25]https://medium.com/coinmonks/how-the-bitcoin-halving-impacts-bitcoins-price-ac7ba87706f1

¿Por qué Bitcoin es volátil?

Bitcoin todavía se encuentra en su "fase de descubrimiento de precios", lo que significa que el mercado está creciendo tan rápido que el verdadero valor de Bitcoin sigue siendo desconocido. Por lo tanto, el valor percibido dirige el mercado (fomentado por la falta de una organización que gestione la volatilidad de Bitcoin) y el valor percibido se ve afectado muy fácilmente por noticias, rumores, etc. Eventualmente, Bitcoin se volverá menos volátil, pero ciertamente podría llevar bastante tiempo.

¿Debo invertir en Bitcoin?

La cuestión de si deberías invertir en Bitcoin no es solo una cuestión de Bitcoin, sino de ti. Bitcoin conlleva un riesgo inherente, al ser un activo especulativo y volátil, y aunque el potencial alcista es enorme, hay que tener en cuenta el arma de doble filo del riesgo y la recompensa. Lo mejor que puede hacer es aprender todo lo posible sobre Bitcoin, las criptomonedas y la cadena de bloques (así como las tendencias en dichos temas y los desarrollos del mundo real), y combinar esa información con su tolerancia al riesgo, su situación financiera y cualquier otra variable que pueda afectar su decisión de inversión.

¿Cómo invierto con éxito en Bitcoin?

Estas 5 reglas te ayudarán a invertir con éxito en Bitcoin, siendo que el dinero y el trading son experiencias emocionales:

- ❖ Nada dura para siempre
- ❖ Nadie lo hubiera hecho, debería, podría haberlo hecho
- ❖ No seas emocional
- ❖ Diversificar
- ❖ Los precios no importan

Nada dura para siempre

En el momento de escribir este artículo, a principios de 2021, el mercado de las criptomonedas se encuentra en una burbuja. Esto se dice como un criptooptimista. Los increíbles rendimientos que la gente está haciendo y las increíbles tendencias alcistas de prácticamente todas las monedas son simplemente insostenibles; Si esto se mantiene para siempre, cualquiera podría poner dinero en cualquier cosa y obtener una ganancia masiva. Esto no significa que el mercado vaya a cero o que los conceptos que impulsan el crecimiento vayan a fracasar; Simplemente estoy argumentando que, en algún momento, el tremendo crecimiento se desacelerará. Esto puede ser lento y gradual, o rápido, como en el caso de un choque rápido.

Históricamente, Bitcoin ha operado a través de ciclos que involucran carreras alcistas masivas, la mayor de las cuales ocurrió a fines de 2017, de marzo a julio de 2019, y nuevamente desde noviembre de 2020 hasta el momento de escribir este artículo, abril de 2021. En las carreras alcistas mencionadas, respectivamente, Bitcoin subió aproximadamente 15 veces (2017), 3 veces (2019) y ahora, en la carrera alcista actual, 10 veces y contando. En el único caso anterior en el que Bitcoin subió más de 15 veces, la mayor parte del año siguiente se pasó desplomándose de 20k a 4k. Esto apoya la idea de los ciclos de Bitcoin mencionados, que primero tienen una tendencia alcista masiva y luego caen a mínimos más altos. Esto significa varias cosas: una, es una buena apuesta para mantener si Bitcoin se está desplomando. Dos, si Bitcoin y el mercado de criptomonedas están subiendo mientras lees esto, probablemente bajará en algún momento de los próximos años. Si está bajando mientras estás leyendo esto, es probable que suba de una manera realmente masiva en los próximos años. Por supuesto, el ecosistema del mercado está sujeto a cambios, pero este es el punto exacto que hay que señalar. Suponiendo que las criptomonedas alcancen una adopción masiva y se conviertan en una parte integral de todos los aspectos del dinero, los negocios y la vida en general, *tendrá que estabilizarse* en algún momento. Ese punto puede ser en 2021, 2023 o 2030. Es probable que se desplome y suba varias veces antes de estabilizarse en un mercado algo menos volátil, al menos en relación con su antiguo yo.

Nadie lo hubiera hecho, debería, podría haberlo hecho

Esta regla está tomada de un popular y legendario corredor de bolsa y presentador del programa *Mad Money*, Jim Cramer. Este concepto funciona en todas las inversiones, por no hablar de todos los ámbitos de la vida, y se relaciona con la regla #31. La idea se representa a través de no habría, no debería haber y no podría. Esto significa que si haces una mala operación, tómate unos minutos para pensar en cómo puedes aprender de ella y mejorar; Luego, después de esos minutos, no pienses en lo que *hubieras* hecho, en lo que *deberías* haber hecho o en lo que *podrías* haber hecho. Esto te permitirá aprender y mejorar al mismo tiempo que mantienes la cordura, porque, al final del día, siempre podrías haberlo hecho mejor. No te castigues por las derrotas y no dejes que las victorias se te suban a la cabeza.

No seas emocional

La emoción es la antítesis del trading técnico. El trading técnico basa la acción actual y futura en datos históricos y, lamentablemente, al mercado no le importa cómo te sientes. La emoción, la mayoría de las veces ("no" simplemente debido a la ocurrencia aleatoria de tomar una buena decisión a través de un mal proceso) solo lo lastimará y lo alejará de las estrategias comerciales que ha desarrollado. Algunas personas se sienten naturalmente cómodas con el riesgo y la montaña rusa emocional del trading; Si no es así, puedes considerar aprender sobre la psicología del trading (porque comprender las emociones es un predecesor de la aceptación, la racionalidad y el control) y simplemente darte tiempo. El análisis fundamental y el trading a medio y largo plazo siguen requiriendo todo esto, pero en menor medida.

Diversificar

La diversificación contrarresta el riesgo. Y, como sabemos, las criptomonedas son arriesgadas. Si bien cualquiera que invierta en criptomonedas asume y probablemente busca un cierto nivel de riesgo (debido al principio de compensación entre riesgo y rendimiento), (probablemente) tiene un cierto nivel de riesgo con el que no se siente cómodo. La diversificación te ayuda a mantenerte dentro de esa carga máxima de riesgo. Si bien no puedo hablar de su situación única, recomendaría a cualquier inversor en criptomonedas que mantenga una cartera algo diversificada, sin importar cuánto crea en un proyecto. La asignación de fondos debe (por lo general) dividirse entre alternativas de Bitcoin, Etherium o ETH (como Cardano, BNB, etc.) y varias altcoins, junto con algo de efectivo. Si bien los porcentajes exactos varían según la situación individual (35/25/30/10, 60/25/10/5, 20/20/40/20, etc.), la mayoría de los profesionales estarían de acuerdo en que esta es la forma más sostenible de invertir, capturar ganancias en todo el mercado y reducir las posibilidades de perder un gran porcentaje de su cartera debido a una o varias decisiones erróneas. Sin embargo, dicho todo esto, algunos inversores solo ponen dinero en una o dos criptomonedas principales y ponen la mayor parte de su dinero en altcoins de pequeña capitalización. Al final del día, establezca una estrategia que se adapte a su situación, recursos y personalidad, y luego diversifique dentro de los límites de esa estrategia.

El precio no importa

El precio es en gran medida irrelevante, ya que tanto la oferta como el precio inicial se pueden establecer. El hecho de que Binance Coin (BNB) esté a 500 dólares y Ripple (XRP) a 1,80 dólares no significa que XRP valga 277 veces BNB; De hecho, las dos monedas se encuentran actualmente dentro del 10% de la capitalización de mercado de la otra. Cuando se crea una criptomoneda por primera vez, el suministro lo establece el equipo detrás del activo; El equipo puede optar por crear 1 billón de monedas, o 10 millones. Entonces, mirando hacia atrás en XRP y BNB, podemos ver que Ripple tiene aproximadamente 45 mil millones de monedas en circulación y Binance Coin tiene 150 millones. De esta manera, el precio realmente no importa. Una moneda de 0,0003 dólares puede valer más que una moneda de 10.000 dólares en términos de capitalización de mercado, oferta circulante, volumen, usuarios, utilidad, etc. El precio importa aún menos debido a las acciones fraccionarias, que permiten a los inversores invertir cualquier cantidad de dinero en una moneda o token independientemente del precio. Muchas otras métricas son mucho más importantes y deben tenerse en cuenta mucho antes que el precio. Dicho esto, los precios pueden afectar la acción del precio como resultado de la psicología. Por ejemplo: Bitcoin tiene una fuerte resistencia en $ 50,000 y gran parte de esta resistencia puede provenir del hecho de que $ 50,000 es un número agradable y redondo en el que muchas personas colocarían órdenes de compra y órdenes de venta. A través de situaciones como esta y otras, la psicología es una parte viable de la acción del precio y, por lo tanto, del análisis.

¿Bitcoin tiene valor intrínseco?

No, Bitcoin no tiene valor intrínseco. Nada en Bitcoin exige que tenga valor; más bien, el valor es generado por el usuario. Sin embargo, según esta definición, todas las monedas del mundo que no estén respaldadas por un patrón oro o plata tampoco tienen valor intrínseco (aparte del uso material, que es insignificante). Entonces, en cierto sentido, todo el dinero solo tiene algún grado de valor porque estamos de acuerdo en que lo tiene, y cualquier argumento en contra o a favor del uso de Bitcoin debido a su falta de valor intrínseco también debe aplicarse a las monedas fiduciarias.

¿Se grava el Bitcoin?

Como dice el refrán, no podemos evadir impuestos, y tal idea ciertamente se aplica a las criptomonedas a pesar de la naturaleza aparentemente anónima y no regulada de la industria. Para obtener la información más precisa, debe visitar el sitio web de su organización de recaudación de impuestos para obtener más información sobre el impuesto en moneda digital en su país. Dicho esto, la siguiente información pone de relieve las normas establecidas en Estados Unidos:

- En 2014, el IRS declaró que las monedas virtuales son propiedad, no moneda.

- Si las criptomonedas se reciben como pago por bienes o servicios, el valor justo de mercado (en USD) debe tributar como ingreso.

- Si tienes una moneda o token durante más de un año, se clasifica como ganancia a largo plazo, y si la compraste y vendiste dentro de un año, es una ganancia a corto plazo. Las ganancias a corto plazo están sujetas a impuestos más altos que las ganancias a largo plazo.

- Los ingresos procedentes de la minería de monedas virtuales se consideran ingresos por cuenta propia (suponiendo que la persona en cuestión no sea un empleado) y están sujetos al impuesto sobre el trabajo por cuenta propia según el valor justo equivalente de las monedas digitales en USD. Se pueden reconocer hasta $3,000 de pérdidas.

• Cuando se venden monedas digitales, las ganancias o pérdidas están sujetas al impuesto sobre las ganancias de capital (ya que las monedas digitales se consideran propiedad) como si se vendiera una acción.

¿Bitcoin opera las 24 horas del día, los 7 días de la semana?

Bitcoin funciona las 24 horas del día, los 7 días de la semana. Esto, en gran parte, se debe al hecho de que está destinado a ser utilizado en todo el mundo, como una herramienta verdaderamente intercontinental, y dadas las zonas horarias, cualquier cosa que no sea una operación 24/7 no cumpliría con ese criterio. Tampoco hay ningún incentivo para no hacerlo.

¿Bitcoin utiliza combustibles fósiles?

Sí, Bitcoin utiliza campos fósiles. De hecho, muchas centrales eléctricas de combustibles fósiles han encontrado una nueva vida al proporcionar la energía necesaria para minar criptomonedas. Bitcoin utiliza casi tanta energía como un país pequeño puramente a través de requisitos computacionales, lo que equivale a aproximadamente el 0,55% de la producción mundial de electricidad. Obviamente, los usuarios y mineros de Bitcoin no quieren utilizar combustibles fósiles y la transición a fuentes de energía renovables es un objetivo importante, pero lo mismo podría decirse de la conducción de coches de gasolina y de la multitud de otras actividades cotidianas que consumen más combustible fósil que Bitcoin. El problema realmente se reduce a la opinión; aquellos que ven a Bitcoin como una fuerza pionera en el mundo que ayuda a las personas en ecosistemas financieros inestables y permite una mayor seguridad y privacidad en las transacciones no se preocuparán por un uso global de energía del 0,55% (especialmente dada la promesa de una transición a largo plazo hacia la energía limpia), mientras que aquellos que ven a Bitcoin como inútil o una estafa probablemente sientan exactamente lo contrario. Cabe señalar que algunas alternativas de criptomonedas son mucho menos intensivas en carbono que Bitcoin (Cardano, ADA), neutras en carbono (Bitgreen, BITG) o negativas en carbono (eGold, EGLD).

¿Alcanzará Bitcoin los 100k?

Es probable que Bitcoin alcance los 100.000 dólares por moneda. Esto no significa que vaya a suceder pronto, o que sea algo seguro; solo que los datos sobre la naturaleza deflacionaria de Bitcoin, los rendimientos históricos, las tendencias de adopción (si está interesado, investigue la curva "S" en la tecnología) y la inflación fiduciaria hacen que un aumento de precio a USD 100,000 sea probable. La pregunta importante no es si alcanzará los 100.000 dólares, sino cuándo alcanzará los 100.000 dólares. La mayoría de estas estimaciones son, en el mejor de los casos, especulaciones educadas.

¿Alcanzará Bitcoin 1 millón?

A diferencia de los USD 100,000, Bitcoin alcanza el millón de dólares y requiere una escala seria. El CEO de eToro, Iqbal Grandha, ha dicho que Bitcoin no alcanzará su potencial hasta que valga 1 millón de dólares por moneda, porque en ese momento cada Satoshi (que es la división más pequeña en la que se puede dividir Bitcoin) valdría 1 centavo de dólar. Dadas las economías de escala y el potencial de adopción masiva en todo el mundo (en tal caso, Bitcoin actuaría como una moneda de reserva universal), es posible que el precio alcance 1 millón de dólares. Sin embargo, otra criptomoneda podría ocupar este lugar con la misma facilidad, así como las stablecoins respaldadas por el gobierno o las monedas digitales. En combinación, debe tenerse en cuenta que las monedas fiduciarias son inflacionarias y Bitcoin es deflacionaria. Esta dinámica de precios hace que USD 1 millón sea mucho más probable a largo plazo. Sin embargo, en última instancia, es una incógnita lo que debería suceder, y una valoración de USD 1 millón por moneda sigue siendo especulativa.

¿Bitcoin seguirá subiendo tan rápido?

No. Es literalmente imposible. Bitcoin ha devuelto a los inversores casi un 200%[26] anual durante los últimos 10 años, lo que equivale a un rendimiento del 5,2 millones de puntos porcentuales a lo largo de la década. Dada la capitalización de mercado de Bitcoin en el momento de escribir este artículo, un aumento compuesto sostenido del 200% superaría toda la oferta monetaria del mundo en 4 a 5 años. Por lo tanto, si bien es muy posible que Bitcoin siga subiendo, la tasa actual de crecimiento es extremadamente insostenible. A largo plazo, el crecimiento debe estabilizarse y es probable que la volatilidad disminuya.

---

[26] 196.7%, según los cálculos de CaseBitcoin

¿Qué son las bifurcaciones de Bitcoin?

Una bifurcación es la aparición de una nueva cadena de bloques que se crea a partir de otra cadena de bloques. Bitcoin ha tenido 105 bifurcaciones, la mayor de las cuales es la actual Bitcoin Cash. Las bifurcaciones se producen cuando un algoritmo se divide en dos versiones diferentes. Existen dos tipos de bifurcaciones. Una bifurcación dura es una bifurcación que se produce cuando todos los nodos de la red se actualizan a una versión más nueva de la cadena de bloques y dejan atrás la versión anterior; A continuación, se crean dos rutas: la nueva versión y la versión anterior. Una bifurcación suave contrasta esto al invalidar la red anterior; Esto da como resultado una sola cadena de bloques.

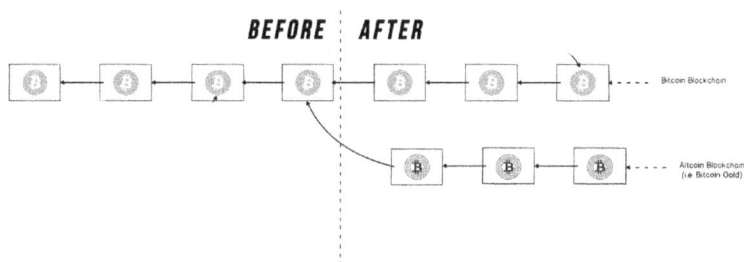

BEFORE : AFTER

27

¿Por qué fluctúa Bitcoin?

Al igual que en el mercado de valores, los precios suben y bajan según la oferta y la demanda. La demanda y la oferta, a su vez, se ven afectadas por el costo de producir un bitcoin en la cadena de bloques, las noticias, los competidores, la gobernanza interna y las ballenas (grandes tenedores). Para obtener información sobre por qué Bitcoin es tan volátil, consulte la multitud de otras preguntas sobre el tema.

¿Cómo funcionan los monederos de Bitcoin?

Una billetera criptográfica es la interfaz utilizada para administrar las tenencias de criptomonedas. La billetera Coinbase y Exodus son billeteras comunes. Una cuenta, a su vez, es un par de claves públicas y privadas desde las que puedes controlar tus fondos, que se almacenan en la cadena de bloques. En pocas palabras, las billeteras son cuentas que almacenan sus tenencias por usted, al igual que un banco.

*Las billeteras no contienen monedas. Las billeteras contienen pares de claves privadas y públicas, que brindan acceso a las tenencias.

¿Bitcoin funciona en todos los países?

Bitcoin es una red descentralizada de computadoras; Todas las direcciones son imbloqueables y, por lo tanto, accesibles desde cualquier lugar con conexión web. En los países donde Bitcoin es ilegal (los más grandes de los cuales son China y Rusia), todo lo que el gobierno puede hacer es tomar medidas enérgicas contra la

---

infraestructura (específicamente las granjas mineras) y el uso de Bitcoin. En lugares como Rusia, Bitcoin no está realmente regulado, sino que el uso de Bitcoin como pago de bienes y servicios es ilegal. La mayoría de los demás países siguen este modelo, ya que, de nuevo, bloquear el propio Bitcoin es imposible. De hecho, Hester Peirce, de la SEC, ha declarado que "los gobiernos serían tontos si prohibieran Bitcoin". Ante esto, se puede llegar a la conclusión de que Bitcoin funciona en todos los países, aunque en unos pocos elegidos es ilegal poseer o usar la moneda.

¿Cuántas personas tienen Bitcoin?

La mejor estimación[29] actual sitúa el número en unos 100 millones de titulares en todo el mundo, lo que representa aproximadamente 1 de cada 55 adultos. Dicho esto, el número real es desconocido, dada la naturaleza anónima de las redes criptográficas. Se puede decir que el crecimiento de usuarios es de dos dígitos, Bitcoin tiene varios cientos de miles de transacciones por día, 2+ mil millones de personas han oído hablar de Bitcoin y existen alrededor de quinientos millones de direcciones de Bitcoin en total.

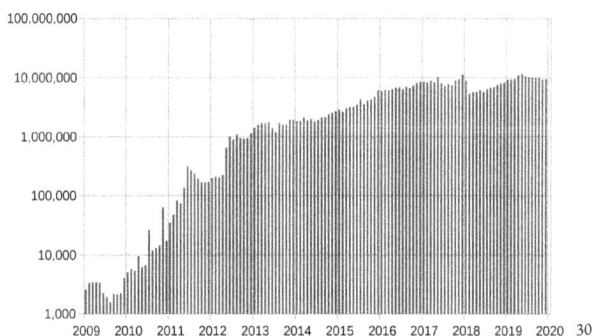

*Número de transacciones de Bitcoin por mes, a partir de 2020.

---

[29] buybitcoinworldwide.com
[30] Ladislav Mecir / CC BY-SA 4.0

¿Quién tiene más Bitcoin?

El misterioso fundador de Bitcoin, Satoshi Nakamoto, posee la mayor cantidad de Bitcoin. Tiene 1.1 millones de BTC en múltiples billeteras, lo que le da un patrimonio neto de decenas de miles de millones. Si los bitcoins alcanzaran los 180.000 dólares, Satoshi Nakamoto se convertiría en la persona más rica del mundo. Después de Satoshi Nakamoto, los gemelos Winklevoss y varias agencias de aplicación de la ley son los mayores tenedores (el FBI se convirtió en uno de los mayores poseedores de Bitcoin después de incautar los activos de Silk Road, un mercado de Internet que cerró en 2013).

¿Se puede operar con Bitcoin con algoritmos?

Para responder a esta pregunta, incluiré un extracto de otro de mis libros sobre Análisis Técnico de Criptomonedas. Cubre todas las bases y ocupa más de unas pocas páginas, así que si buscas una respuesta corta te diré que sí, pero es difícil.

El trading algorítmico es el arte de conseguir que un ordenador gane dinero para ti. O, al menos, ese es el objetivo. Los traders algorítmicos, como dice la jerga, intentan identificar un conjunto de reglas que, si se utilizan como base para operar, generan ganancias. Cuando se eligen y activan estas reglas, el código ejecutará una orden. Por ejemplo: digamos que te encanta operar con cruces de medias móviles exponenciales (EMA). Cada vez que veas que la EMA de 12 días de Bitcoin supera la EMA de 50 días, inviertes 0,01 bitcoins. Luego, normalmente vendes cuando has obtenido una ganancia del 5% o, si no funciona, reduces tus pérdidas al 5%. Sería muy fácil convertir esta estrategia de trading preferida en reglas de trading algorítmicas. Codificarías un algoritmo que rastrearía todos los datos de Bitcoin, invertirías tus 0,01 bitcoins durante tu cruce preferido de la EMA y luego venderías con una ganancia del 5% o una pérdida del 5%. Este algoritmo se ejecutaría por ti mientras duermes, mientras comes, literalmente las 24 horas del día, los 7 días de la semana o durante el tiempo que establezcas. Dado que solo funciona exactamente como lo configuró; Te sientes muy cómodo con el riesgo. Incluso si el algoritmo funciona solo 51 de cada 100 operaciones, técnicamente está obteniendo ganancias y simplemente podría continuar para siempre sin esforzarse. O bien, podría consultar más datos y mejorar su algoritmo para que funcione 55/100 veces, o 70/100. Diez años después, ahora eres un multimillonario que gana dinero cada segundo de cada día mientras bebes un jugo tropical en una playa soleada.

Lamentablemente, no es tan fácil, pero ese es el concepto de trading algorítmico. El aspecto hipotético realmente agradable de operar con una máquina es que el límite de ingresos es prácticamente ilimitado (o, al menos, inmensamente escalable). Considere el siguiente cuadro. Se trata de una visualización de un algoritmo que opera 200 veces al día si se cumplen ciertas condiciones. El algoritmo saldrá de la posición con una ganancia del 5% o una pérdida del 5%, como en el ejemplo anterior. Supongamos que le das al algoritmo $10,000 para trabajar y el 100% de la cartera se pone en cada operación. El rojo significa una operación no rentable (una pérdida del 5%) y el verde significa una buena operación, una ganancia del 5%.

5%	5%	5%	5%	5%	5%	5%	5%	5%	5%	5%	5%	5%	5%	5%	5%	5%	5%	5%	5%
5%	5%	5%	5%	5%	5%	5%	5%	5%	5%	5%	5%	5%	5%	5%	5%	5%	5%	5%	5%
5%	5%	5%	5%	5%	5%	5%	5%	5%	5%	5%	5%	5%	5%	5%	5%	5%	5%	5%	5%
5%	5%	5%	5%	5%	5%	5%	5%	5%	5%	5%	5%	5%	5%	5%	5%	5%	5%	5%	5%
5%	5%	5%	5%	5%	5%	5%	5%	5%	5%	5%	5%	5%	5%	5%	5%	5%	5%	5%	5%
5%	5%	5%	5%	5%	5%	5%	5%	5%	5%	5%	5%	5%	5%	5%	5%	5%	5%	5%	5%
5%	5%	5%	5%	5%	5%	5%	5%	5%	5%	5%	5%	5%	5%	5%	5%	5%	5%	5%	5%
5%	5%	5%	5%	5%	5%	5%	5%	5%	5%	5%	5%	5%	5%	5%	5%	5%	5%	5%	5%
5%	5%	5%	5%	5%	5%	5%	5%	5%	5%	5%	5%	5%	5%	5%	5%	5%	5%	5%	5%
5%	5%	5%	5%	5%	5%	5%	5%	5%	5%	5%	5%	5%	5%	5%	5%	5%	5%	5%	5%

Según el gráfico, este algoritmo es correcto solo el 51% de las veces. Con esta mayoría de minutos, una inversión de $10,000 se convertiría en $11,025 en solo un día, $186,791.86 en 30 días y, después de un año completo de negociación, el resultado sería $29,389,237,672,608,055,000. Eso es 29 quintillones de dólares, que es aproximadamente 783 veces más que el valor total de cada dólar estadounidense en circulación. Obviamente, eso no funcionaría. Sin embargo, supongamos ahora que el algoritmo, dadas las mismas reglas, realiza una operación rentable solo el 50,1% de las veces, lo que significa 1 operación extra rentable de cada 1.000. Después de 1 año, este algoritmo convertiría $10,000 en $14,400. Después de 10 años, poco menos de $400,000, y después de 50 años, $835,437,561,881.32. Son 835 mil millones de dólares (compruébalo tú mismo con la calculadora de interés compuesto de Moneychimp)

Esto parece bastante fácil. Sólo tienes que utilizar los datos históricos para probar los algoritmos hasta que encuentres uno que sea al menos un 50,1% rentable, consigue 10.000 dólares y tus hijos serán billonarios. Lamentablemente, esto no funciona, y estos son algunos de los retos a los que se enfrentan los traders algorítmicos:

Errores

El reto más obvio es el de crear un algoritmo libre de errores. Hoy en día, muchos servicios facilitan mucho el proceso y no requieren tanta experiencia en codificación, pero algunos aún requieren cierto nivel de capacidad de codificación y el resto un grado de conocimiento técnico. Como estoy seguro de que puedes imaginar, cualquier paso en falso en la creación de un algoritmo puede resultar en el fin del juego.* Es por eso que probablemente no deberías codificarlo tú mismo, a menos que realmente sepas cómo codificar, en cuyo caso probablemente deberías consultar a un amigo.

Datos impredecibles

Al igual que con el análisis técnico en su conjunto, la expectativa de que es probable que los patrones históricos se repitan es la base sobre la que descansa el trading algorítmico. Los eventos del Cisne Negro* y los factores impredecibles, como las noticias, la crisis global, los informes trimestrales, etc., pueden desbaratar un algoritmo y hacer que una estrategia anterior no sea rentable.

Falta de adaptabilidad

El reto de los datos impredecibles se combina con la incapacidad de adaptarse a las circunstancias ante los nuevos datos contextuales. De esta manera, es posible que se requieran actualizaciones manuales. La solución a este problema es obviamente una IA que aprenda, mejore y pruebe, pero esto está lejos de la realidad y, si funcionara, probablemente no sería tan bueno para el mercado, ya que algunos jugadores influyentes podrían simplemente monetizarlo para su propio uso (dado que sería literalmente una máquina de imprimir dinero) o compartirlo con todos. en cuyo caso se aplica el desafío de autodestrucción (a continuación).

Deslizamiento, volatilidad y caídas repentinas.

Dado que los algoritmos juegan con reglas establecidas, pueden ser "engañados" a través de la volatilidad y volverse no rentables a través del deslizamiento. Por ejemplo, una pequeña altcoin puede saltar varios puntos porcentuales, ya sea hacia arriba o hacia abajo, en segundos. Un algoritmo puede hacer que el precio alcance la orden de venta limitada y desencadene la liquidación, a pesar de que el precio simplemente vuelva a subir al precio anterior o más.

Autodestrucción

En el hipotético caso de una IA inteligente que clasifique todos los datos disponibles, identifique los mejores algoritmos de trading posibles, los ponga en práctica y se adapte a las circunstancias, múltiples IA de este tipo erradicarían sus propias estrategias de trading. Por ejemplo: digamos que existen 1 millón de estas IA (en realidad, muchas más personas que esta lo usarían si estuviera disponible para su compra). Todas las IA descubrirían inmediatamente el mejor algoritmo y comenzarían a operar con él. Si esto sucediera, la afluencia de volumen resultante haría que la estrategia fuera inútil. El mismo escenario ocurre hoy en día, excepto sin la IA. Es probable que varias personas descubran estrategias de trading realmente buenas, y luego las utilicen y compartan hasta que ya no sean rentables o tan rentables como antes. De esta manera, las estrategias y algoritmos realmente buenos impiden su propio progreso.

Entonces, esos son los desafíos que impiden que el trading algorítmico sea una máquina perfecta de impresión de dinero para la semana laboral de 4 horas, que induce a las vacaciones tropicales. Dicho esto, los algoritmos pueden seguir siendo rentables. Muchas grandes empresas y empresas basan su negocio únicamente en algoritmos comerciales rentables. Por lo tanto, aunque los bots de trading no deben considerarse dinero fácil, deben considerarse como una disciplina que se puede dominar si se proporciona suficiente tiempo y esfuerzo. Estos son algunos de los aspectos más destacados del trading algorítmico y cómo puedes empezar:

Backtesting

Dado que los algoritmos toman una determinada entrada y reaccionan en consecuencia, los operadores algorítmicos pueden realizar pruebas retrospectivas de sus algoritmos con datos históricos. Por ejemplo, siguiendo con los ejemplos anteriores, si el Trader X quiere crear un algoritmo que opere en los cruces de la EMA, el Trader X podría probar el algoritmo ejecutándolo a lo largo de cada año que todo el mercado ha estado en existencia. A continuación, se trazarían los rendimientos y, a través de las pruebas divididas, el operador X puede llegar a una fórmula que se ha demostrado históricamente que funciona sin haber puesto dinero sobre la mesa. De esta manera, puedes probar tus propios algoritmos y jugar con diferentes variables para ver cómo afectan a los rendimientos generales. Para experimentar con la creación y el uso de un algoritmo de trading, echa un vistazo a estos sitios web:

Control de riesgos

El backtesting es una excelente manera de mitigar el riesgo. La mejor alternativa es a través del uso disciplinado e investigado de stop loss y trailing stop-loss. Ambas herramientas se desarrollan en la sección de gestión de riesgos.

Simplicidad

Muchas personas tienen conceptos de trading de algoritmos que requieren un código complejo y de múltiples capas que involucra múltiples, si no una docena o más, indicadores, patrones u osciladores. Si bien las incógnitas no se pueden tener en cuenta, la mayoría de los algoritmos exitosos utilizados por profesionales y no profesionales por igual son sorprendentemente poco complejos. La mayoría involucran un indicador, o tal vez la combinación de dos. Te sugiero que sigas esta ruta establecida si te estás iniciando en el trading algorítmico, pero, dicho esto, si descubres un algoritmo extremadamente complejo y superior, ¡seré el primero en registrarte!

*Crédito: Book, Análisis Técnico de Criptomonedas

¿Cómo afectará Bitcoin al futuro?

Bitcoin fue el primer caso de uso exitoso a gran escala de blockchain; la cuestión de cómo afectará blockchain al futuro es una cuestión mucho más amplia que la del impacto potencial de Bitcoin, gran parte del cual se ha cubierto anteriormente. Estos son los campos en los que blockchain (y por extensión, Bitcoin) tendrá o está teniendo un efecto importante:

- Gestión de la cadena de suministro.
- Gestión logística.
- Gestión segura de datos.
- Pagos transfronterizos y medios de transacción.
- Seguimiento de las regalías de los artistas.
- Almacenamiento y uso compartido seguros de datos médicos.
- Mercados de NFT.
- Mecanismos de votación y seguridad.
- Propiedad verificable de bienes inmuebles.
- Mercado Inmobiliario.
- Conciliación de facturas y resolución de conflictos.
- Ticketing.
- Garantías financieras.

- Esfuerzos de recuperación ante desastres.
- Conectando proveedores y distribuidores.
- Rastreo de origen.
- Voto por delegación.
- Criptomoneda.
- Comprobante de seguro / Pólizas de seguro.
- Salud / Registros de datos personales.
- Acceso al capital.
- Finanzas descentralizadas
- Identificación digital
- Eficiencia Logística / de Procesos
- Verificación de datos
- Tramitación de siniestros (seguros).
- Protección de la propiedad intelectual.
- Digitalización de activos e instrumentos financieros.
- Reducción de la corrupción financiera gubernamental.
- Juegos en línea.
- Préstamos sindicados.
- ¡Y más!

¿Es Bitcoin el futuro del dinero?

La cuestión de si Bitcoin en sí mismo es el "futuro del dinero" es especulación; la verdadera pregunta es si la tecnología detrás de Bitcoin y los sistemas que Bitcoin fomenta son el futuro del dinero. Si es así, invertir en criptomonedas en su conjunto, así como en Bitcoin (aunque el potencial de crecimiento en % en Bitcoin es limitado en relación con las monedas más pequeñas dado el volumen de dinero que ya tiene) es una muy buena apuesta.

La principal tecnología que impulsa a Bitcoin es la cadena de bloques, y el sistema general que fomenta Bitcoin es el de la descentralización. Ambos campos están explotando en una multitud de casos de uso en expansión y cada uno tiene el potencial de afectar todos los aspectos de la vida, desde los pagos hasta el trabajo y el voto. Citando a Capgemini Engineering, "[blockchain] mejora significativamente la seguridad en los sectores financiero, sanitario, de la cadena de suministro, del software y del gobierno". Entre las empresas que utilizan la tecnología blockchain se encuentran Amazon (a través de AWS), BMW (en logística), Citigroup (en finanzas), Facebook (a través de la creación de su propia criptomoneda), General Electric (cadena de suministro), Google (con BigQuery), IBM, JPmorgan, Microsoft, Mastercard, Nasdaq, Nestlé, Samsung, Square, Tenent, T-

Mobile, las Naciones Unidas, Vanguard, Walmart y más.[31] La ampliación de la clientela y los productos impulsados por o centrados en blockchain señalan la continuación de blockchain en un aspecto central de Internet y los servicios fuera de línea. Con todo esto en mente, Bitcoin no se limita a tener un impacto dentro de las criptomonedas, sino que puede y probablemente marcará el comienzo de una era de blockchain. En términos de que Bitcoin sea el futuro del dinero y los pagos, la pregunta importante es cómo responden los gobiernos a la amenaza de Bitcoin y las criptomonedas. Algunos, como China, pueden desarrollar sus propias monedas digitales. Algunos, como El Salvador, pueden convertir a Bitcoin en moneda de curso legal. Otros, sin embargo, pueden ignorar las criptomonedas o prohibirlas. Independientemente de la forma en que reaccionen los gobiernos, el hecho de que se vean obligados a reaccionar significa que Bitcoin fue el buque insignia que, de una forma u otra, alterará por completo el panorama financiero del mundo a través de la aplicación exitosa de activos digitales e impulsados por blockchain.

---

[31] Basado en una investigación de Forbes.

¿Cuántas personas son multimillonarias de Bitcoin?

Es difícil saber cuántos multimillonarios existen en el espacio de las criptomonedas o incluso solo dentro de la red de criptomonedas, ya que las tenencias a menudo se dividen en varias cuentas. Sin embargo, excluyendo los exchanges, hay veinte direcciones de Bitcoin que tienen el equivalente a 1.000 millones de dólares o más, y ochenta direcciones de Bitcoin que tienen el equivalente a 500 millones de dólares o más.[32] Este número puede fluctuar fácilmente, ya que muchas de las billeteras con un valor de USD 500 millones a USD 1 mil millones pueden superar los USD 1 mil millones en alineación con la fluctuación de Bitcoin y, como se mencionó, los titulares que vendieron Bitcoin o dividieron sus tenencias en varias billeteras no están incluidos. Dicho esto, es seguro decir que al menos dos docenas de cuentas, y al menos 1 docena de personas, han ganado más de $ 1 mil millones de dólares invirtiendo en Bitcoin. Docenas más han ganado cientos de millones o miles de millones invirtiendo en otras criptomonedas.

---

[32] "Las 100 direcciones de Bitcoin más ricas y..." https://bitinfocharts.com/top-100-richest-bitcoin-addresses.html.

¿Hay multimillonarios secretos de Bitcoin?

Satoshi Nakamoto es el mejor ejemplo de un multimillonario secreto y anónimo de Bitcoin. En la pregunta anterior (¿cuántas personas son multimillonarias de Bitcoin?), llegamos a la conclusión de que al menos 1 docena de personas han ganado mil millones de dólares invirtiendo en Bitcoin. Dado este número, y el hecho de que el número de multimillonarios populares de Bitcoin se puede contar con los dedos de una mano (personas individuales, sin incluir corporaciones), es presumible que algunos poseedores de Bitcoin en todo el mundo sean multimillonarios de Bitcoin que se han mantenido fuera del centro de atención. Con ese pensamiento en mente, es posible que, en algún momento, hayas estado pasando el día y te hayas cruzado con un multimillonario secreto de Bitcoin.

¿Alcanzará Bitcoin la adopción generalizada?

Esta es una pregunta interesante. Actualmente, alrededor del 1% del mundo usa Bitcoin, aunque esto se desvía hasta el 20% en lugares como Estados Unidos y hasta el 0% en otras partes del mundo. Para que una criptomoneda alcance la adopción generalizada y masiva, debe servir a algún tipo de utilidad. Generalmente, las criptomonedas tienen utilidad como reserva de valor; un método de transacción, o como marco para construir redes y organizaciones descentralizadas. Bitcoin es, con mucho, la criptomoneda más grande y valiosa, pero en realidad no es la mejor criptomoneda en ninguna de esas categorías. Por lo tanto, si bien Bitcoin es Bitcoin (al igual que podría comprar un reloj más barato que un Rolex que se ajusta mejor y se ve mejor, pero aún así va con Rolex) y la marca de Bitcoin lo ha llevado y lo llevará lejos, es poco probable que sea el líder permanente entre las criptomonedas en el mundo. Dicho esto, dado su valor de marca y escala, ciertamente puede alcanzar una adopción masiva y generalizada, dadas las tendencias de uso actuales y los casos de uso en el espacio de las criptomonedas.

¿Bitcoin será reemplazado por otras criptomonedas?

Me referiré a la pregunta anterior para responder a esto. Bitcoin, aunque masivo en escala y marca, en realidad no es el mejor en nada en el espacio criptográfico. No es la mejor reserva de valor, no es la mejor para enviar y recibir dinero, y no es la mejor como marco y red para que los usuarios de criptomonedas operen y construyan. Por lo tanto, a corto plazo, dada la marca pura de Bitcoin y su monstruosa capitalización de mercado de 1 billón de dólares, es poco probable que se haga cargo de él. Sin embargo, dentro de décadas o siglos, es más que probable que sea superada por otras criptomonedas a medida que el valor que la alimenta se desintegre.

¿Puede Bitcoin cambiar de PoW?

Sí, Bitcoin ciertamente puede cambiar de un sistema PoW (prueba de trabajo). Ethereum comenzó en PoW y se espera que cambie a PoS (proof-of-stake) a finales de 2021. El cambio hará que Ethereum consuma mucha menos energía y sea más escalable. Una transición como esta es ciertamente posible para Bitcoin y muchos consideran que un alejamiento de PoW es inevitable.

¿Fue Bitcoin la primera criptomoneda de la historia?

El infame libro blanco de Bitcoin de Satoshi Nakamoto se publicó en 2008, y el propio Bitcoin se publicó en 2009. Estos eventos son conocidos por ser los primeros de su respectivo tipo; Esto es cierto sólo en parte.

A finales de la década de 1980, un grupo de desarrolladores en los Países Bajos intentó vincular el dinero a las tarjetas para evitar el robo desenfrenado de efectivo. Los camioneros usaban estas tarjetas en lugar de dinero en efectivo; Este es quizás el primer ejemplo de dinero electrónico.

Casi al mismo tiempo que el experimento de los Países Bajos, el criptógrafo estadounidense David Chaum conceptualizó una moneda transferible y privada basada en tokens. Desarrolló su "fórmula cegadora" para ser utilizada en el cifrado, y fundó la empresa DigiCash, que quebró en 1988.

En la década de 1990, varias empresas intentaron tener éxito donde DigiCash no lo había hecho; el más popular de los cuales fue PayPal de Elon Musk. PayPal introdujo pagos P2P fáciles en línea e incurrió en la creación de una compañía llamada e-gold, que ofrecía crédito en línea a cambio de valiosas medallas (e-gold fue cerrado más tarde por el gobierno). Además, en 1991, los investigadores Stuart Haber y W. Scoot Stornetta describieron la tecnología blockchain. Varios años después, en 1997, el proyecto Hashcash utilizó un algoritmo de prueba de trabajo para generar y distribuir nuevas monedas, y muchas características terminaron en el protocolo Bitcoin. Un año más tarde, el desarrollador Wei Dai (que da nombre a la denominación más pequeña de Ether, un Wei) introdujo la idea de un "sistema de efectivo electrónico anónimo y distribuido" llamado B-money. El dinero B estaba destinado a proporcionar una red descentralizada a través de la cual los usuarios podían enviar y recibir moneda; Desafortunadamente, nunca despegó. Poco después del libro blanco de B-money, Nick Szabo lanzó un proyecto llamado Bit Gold, que operaba con un sistema completo de PoW (prueba de trabajo). Bit gold, de hecho, es relativamente similar a Bitcoin. Todos estos proyectos y docenas más finalmente condujeron a Bitcoin; por esta razón, no se puede decir que Bitcoin haya sido el verdadero primero en muchos de los conceptos y tecnologías que lo impulsan. Dicho esto, Bitcoin es absoluta e indudablemente el primer éxito a gran escala de todas las tecnologías que lo impulsan; todas las empresas y proyectos anteriores a Bitcoin habían fracasado, pero Bitcoin ascendió por encima del resto e instigó un cambio global masivo hacia las tecnologías y conceptos sobre los que se basó.

¿Será y podrá Bitcoin ser alguna vez más que una alternativa al oro?

Bitcoin ya es "más" que una alternativa al oro; Impulsa y permite una red transaccional global con mucha menos fricción que el oro. Sin embargo, Bitcoin es mucho más comparativo con el oro en el hecho de que ambos se consideran depósitos de valor y un medio de transacción. Con respecto a esto, Bitcoin probablemente nunca será más que una alternativa al oro, porque la alternativa dentro de la criptomoneda se está convirtiendo en una tecnología y plataforma como Ethereum, que permite a los usuarios aprovechar su lenguaje de programación, llamado solidity, para crear dApps. Bitcoin simplemente no está destinado a hacer nada de eso, y aunque ciertamente tiene más utilidad que el oro, está algo encasillado en el papel de ser un "oro digital".

¿Qué es la latencia de Bitcoin y es importante?

La latencia es el retraso entre el momento en que se envía una transacción y el momento en que la red reconoce la transacción; Básicamente, la latencia es el retraso. La latencia de Bitcoin es muy alta por diseño (en relación con los 5-10 segundos de la televisión abierta) para producir un nuevo bloque cada diez minutos. Reducir la latencia requeriría esencialmente menos trabajo para verificar los bloques, lo que va en contra del espíritu de PoW. Por esta razón, la latencia de Bitcoin no debería reducirse. Dicho esto, la latencia de las operaciones es un problema para los exchanges y los traders en los exchanges (especialmente los traders de arbitraje); A medida que el HFT (trading de alta frecuencia) y el trading algorítmico se trasladan al mercado de las criptomonedas, la latencia tendrá una importancia cada vez mayor.

Median Confirmation Time

6.7 min

18.8 min

10.0 min

5.3 min

2.8 min

1.5 min

---

[33] Fuente: blockchain.com

¿Cuáles son algunas teorías conspirativas de Bitcoin?

Bitcoin (y especialmente Satoshi Nakamoto) es un entorno propicio para las teorías de la conspiración; Solo por diversión, echaremos un vistazo a algunos. Considere lo siguiente completamente ficticio, como lo son la mayoría de las teorías de conspiración, y ninguna es creíble:

1. *Bitcoin podría haber sido creado por la NSA u otra agencia de inteligencia de EE. UU.* Esta es probablemente la conspiración de Bitcoin más frecuente; afirma que Bitcoin fue creado por el gobierno de los EE. UU. y que no es tan privado como pensamos. En cambio, la NSA aparentemente tiene acceso por la puerta trasera al algoritmo SHA-256 y utiliza dicho acceso para espiar a los usuarios.

2. *Bitcoin podría ser una IA.* Esta teoría afirma que Bitcoin es una IA que utiliza su motivo económico para incentivar a los usuarios a hacer crecer su red. Algunos creen que una agencia gubernamental creó la IA.

3. *Bitcoin podría haber sido creado por cuatro grandes empresas asiáticas.* Esta teoría se basa completamente en el hecho de que el "sa" de Samsung, el "toshi" de Toshiba, el "naka" de

Nakamichi y el "moto" de Motorola, en combinación, forman el nombre del misterioso fundador de Bitcoin, Satoshi Nakamoto. Pruebas bastante sólidas de esto.

¿Por qué la mayoría de las otras monedas a menudo siguen a Bitcoin?

Bitcoin es esencialmente la moneda de reserva para las criptomonedas, o similar al Dow y al S&P para el mercado de valores. Alrededor del 50% del valor en el mercado de criptomonedas radica únicamente en Bitcoin, y Bitcoin es la criptomoneda más utilizada y conocida del mundo. Por estas razones, los pares comerciales de Bitcoin son el par más utilizado para comprar Altcoins, lo que vincula el valor de todas las demás criptomonedas con Bitcoin. La caída de Bitcoin hace que se ponga menos dinero en las altcoins, mientras que la subida de Bitcoin hace que se ponga más dinero en las altcoins. Por estas razones, la mayoría (no todas) las monedas a menudo (no siempre) siguen las tendencias alcistas/bajistas generales de Bitcoin.

¿Qué es Bitcoin Cash?

Como se mencionó anteriormente, Bitcoin tiene un problema de escala: la red simplemente no es lo suficientemente rápida como para manejar las grandes cantidades de transacciones presentes en una situación de adopción global. A la luz de esto, un colectivo de mineros y desarrolladores de Bitcoin iniciaron una bifurcación dura de Bitcoin en 2017. La nueva moneda, llamada Bitcoin Cash (BCH), aumentó el tamaño del bloque (a 32 MB en 2018), lo que permitió que la red procesara más transacciones que Bitcoin y más rápido. Si bien BCH no está listo para reemplazar o acercarse a reemplazar a Bitcoin, es una alternativa que resolvió un problema importante, y la pregunta de cómo el Bitcoin original resolverá el mismo problema aún no se ha resuelto.

34

¿Cómo se comportará Bitcoin durante una recesión?

Bitcoin tiene una gran posibilidad de tener un buen desempeño durante una recesión, aunque esta no es una respuesta concluyente; Bitcoin surgió de la crisis inmobiliaria de 2008, pero aún no ha experimentado ninguna recesión económica sostenida e importante desde entonces (COVID no cuenta). En muchos sentidos, Bitcoin sirve como un equivalente digital al oro, y el oro históricamente ha tenido un buen desempeño durante las recesiones (en particular, de 2007 a 2012), y la escasez y la naturaleza descentralizada de Bitcoin podrían convertirlo en una inversión de refugio seguro durante una recesión, que no estaría sujeta al control de los gobiernos sobre las monedas fiduciarias y el sistema monetario inflacionario del mundo. También hay que tener en cuenta que Bitcoin ha subido históricamente durante crisis de menor escala: Brexit, la crisis del Congreso de 2013 y COVID. Por lo tanto, como se afirmó anteriormente, Bitcoin probablemente se desempeñará bien durante una recesión (a menos que una recesión sea tan mala que la gente simplemente no tenga dinero para invertir, en cuyo caso Bitcoin, así como todos los activos, tienen pocas posibilidades de experimentar algo más que rojo). De cualquier manera, en el caso de una recesión, la mayoría de las criptomonedas que no sean Bitcoin (especialmente las altcoins más pequeñas) definitivamente experimentarán pérdidas masivas; La mayoría prácticamente serán borrados del mapa. Tal escenario sería un evento de filtro masivo para las altcoins, lo cual es muy saludable para el mercado en general.

¿Puede Bitcoin sobrevivir a largo plazo?

Lo que hay que tener en cuenta es hasta qué punto Bitcoin sobrevivirá a largo plazo; y hasta qué punto crecerá la adopción y el uso. En cualquier caso, Bitcoin existirá a cierta escala durante las próximas décadas; las posibilidades de que dure a escala durante los próximos siglos son improbables dada la nueva competencia y las alternativas de Bitcoin. Aún así, ciertamente podría seguir siendo la principal criptomoneda mientras existan las criptomonedas (especialmente si se implementan actualizaciones, como la red de iluminación); La probabilidad previa se basa puramente en el hecho de que la primera de su tipo no suele ser la mejor de su tipo, y la mayoría de las monedas a lo largo de la historia no duran (a escala) durante una parte significativa del tiempo.

¿Cuál es el objetivo final de Bitcoin y las criptomonedas?

La visión final de la criptomoneda logra lo siguiente:

1. En el caso concreto de Bitcoin, permitir a los usuarios enviar dinero a través de Internet de forma segura sin depender de una institución central, sino que se basen en pruebas criptográficas.

2. Elimine la necesidad de intermediarios y disminuya la fricción en las cadenas de suministro, los bancos, los bienes raíces, el derecho y otros campos.

3. Eliminar los peligros a los que se enfrenta el entorno inflacionario del salvaje oeste (en términos de control gubernamental desde que las monedas fiduciarias fueron retiradas del patrón oro) de las monedas fiduciarias.

4. Habilite un control completamente seguro sobre los activos personales sin depender de instituciones de terceros.

5. Habilite soluciones de blockchain en los campos médico, logístico, electoral y financiero, además de en cualquier otro lugar donde se apliquen dichas soluciones.

¿Es Bitcoin demasiado caro para usarlo como criptomoneda?

El precio absoluto es en gran medida irrelevante para las criptomonedas (así como para las acciones, como he escrito en otros libros). Si bien esta respuesta se ha cubierto en otra parte de las reglas comerciales, recapitularé la sección relevante a continuación:

Dado que tanto la oferta como el precio inicial pueden fijarse o modificarse, el precio en sí mismo es en gran medida irrelevante sin contexto. El hecho de que Binance Coin (BNB) esté a 500 dólares y Ripple (XRP) a 1,80 dólares no significa que XRP valga 277 veces el valor de BNB; Las dos monedas se encuentran actualmente dentro del 10% de la capitalización de mercado de la otra. Cuando se crea una criptomoneda por primera vez, el suministro lo establece el equipo detrás del activo. El equipo puede optar por crear 1 billón de monedas, o 10 millones. Mirando hacia atrás en XRP y BNB, podemos ver que Ripple tiene aproximadamente 45 mil millones de monedas en circulación, y Binance Coin tiene 150 millones. De esta manera, el precio realmente no importa. Una moneda de 0,0003 dólares puede valer más que una moneda de 10.000 dólares en términos de capitalización de mercado, oferta circulante, volumen, usuarios, utilidad, etc. El precio importa aún menos debido a la llegada de las acciones fraccionadas, que permiten a los inversores invertir cualquier cantidad de dinero en una moneda o token independientemente del precio. El único impacto importante del precio radica en el impacto psicológico, que debe examinarse al operar con Bitcoin y altcoins.

¿Qué tan popular es Bitcoin?

Al menos el 1,3% del mundo posee actualmente Bitcoin, lo que, teniendo en cuenta los quinientos millones de direcciones de Bitcoin que existen, lo hace bastante popular. Este número incluye a 46 millones de estadounidenses, lo que representa el 14% de la población y el 21% de los adultos,[35] mientras que otro estudio encontró que el 5% de los europeos tienen Bitcoin.[36] Sin embargo, lo más notable es la

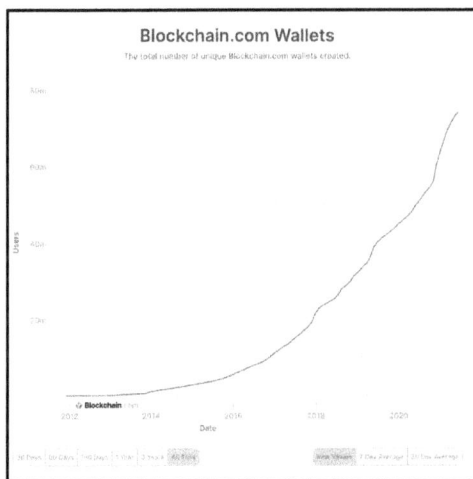

tasa exponencial de aumento. En 2014 existían menos de un millón de carteras de Bitcoin, lo que representa un aumento de 75 veces desde

---

[35] "Estadísticas demográficas de los Estados Unidos..." https://www.infoplease.com/us/census/demographic-statistics.

[36] • Gráfico: ¿Cuántos consumidores poseen criptomonedas? | Statista". 20 de agosto de 2018, https://www.statista.com/chart/15137/how-many-consumers-own-cryptocurrency/.

entonces, y una tasa de crecimiento de 10 veces (1.000%) al año. [37]Estas tendencias no muestran signos de detenerse, y el crecimiento, en todo caso, solo se está recuperando. Así que, en resumen, Bitcoin es notablemente popular y es probable que alcance el punto de inflexión de la adopción masiva en las próximas décadas.

[37] —Blockchain.com. https://www.blockchain.com/. Consultado el 9 de junio de 2021.

Libros

- Dominando Bitcoin – Andreas M. Antonopoulos
- El Internet del Dinero - Andreas M. Antonopoulos
- El estándar de Bitcoin – Saifedean Ammous
- La era de las criptomonedas – Paul Vigna
- Oro digital – Nathaniel Popper
- Multimillonarios de Bitcoin – Ben Mezrich
- Los conceptos básicos de Bitcoins y blockchains - Antony Lewis
- Revolución de la cadena de bloques – Don Tapscott
- Criptoactivos - Chris Burniske y Jack Tatar
- La era de las criptomonedas - Paul Vigna y Michael J. Casey

Intercambios

- Binance - binance.com (binance.us para residentes de EE. UU.)
- Coinbase – coinbase.com
- Kraken – kraken.com
- Cripto – crypto.com
- Géminis – gemini.com
- eToro – etoro.com

Podcasts

- Lo que hizo Bitcoin por Peter McCormack (Bitcoin)

- Historias no contadas (primeras historias)

- Unchained de Laura Shin (entrevistas)

- Capa base de David Nage (discusiones)

- The Breakdown de Nathaniel Whittemore (corto)

- Podcast de Crypto Campfire (relajado)

- Ivan en Tecnología (actualizaciones)

- HASHR8 de Whit Gibbs (técnico)

- Opiniones sin reservas de Ryan Selkis (entrevistas)

Servicios de noticias

- CoinDesk - coindesk.com

- CoinTelegraph - cointelegraph.com

- HoyEnCadena – todayonchain.com

- NewsBTC – newsbtc.com

- Revista Bitcoin – bitcoinmagazine.com

- Pizarra criptográfica – cryptoslate.com

- Bitcoin.com – news.bitcoin.com

- Blockonomi – blockonomi

Servicios de Gráficos

- TradingView – tradingview.com
- CryptoView – cryptoview.com
- Altrady – Altrady.com
- Coinigy – Coinigry.com
- Comerciante de monedas - Cointrader.pro
- CryptoWatch – Cryptowat.ch

Canales de YouTube

- Benjamín Cowen

  Hatps://vv.youtube.com/channel/ukrvak-ux-w0soig

- Rincón de la oficina

  Hatps://vv.youtube.com/c/koinbureyu

- Volantes

  https://www.youtube.com/c/Forflies

- DataDash (en inglés)

  Hatps://vv.youtube.com/c/datadash

- Sheldon Evans

  Hatps://vv.youtube.com/c/sheldonevan

- Antonio Pompliano

  Hatps://vv.youtube.com/channel/usevspell8knynav-nakz4m2w

- Piedra de puntería

  https://www.youtube.com/channel/UC7S9sRXUBrtF0nKTv
  LY3fwg/abou t

- Alondra Davis

  Hatps://vv.youtube.com/channel/ucl2okaw8hdar_kbkidd2kal
  ia

- Altcoin Daily

  https://www.youtube.com/channel/UCbLhGKVY-

bJPcawebgtNfbw